U0251103

《单片机技术》编委会

主　编　施　佳

副主编　王昱婷　张榆进

参　编　七林农布　蔡宇镭　雷　钧　周　洁　晋崇英　张　雷　陆学聪　尹自永　杨　熹

理实一体化教材

单片机技术

DANPIANJI JISHU

施佳　主编

图书在版编目（CIP）数据

单片机技术 / 施佳主编. -- 昆明 : 云南大学出版社, 2019

理实一体化教材

ISBN 978-7-5482-3728-0

Ⅰ. ①单… Ⅱ. ①施… Ⅲ. ①单片微型计算机－教材
Ⅳ. ①TP368.1

中国版本图书馆CIP数据核字(2019)第137017号

特约编辑：韩 雪
责任编辑：蔡小旭
策 划：孙吟峰 朱 军

理实一体化教材

单片机技术

DANPIANJI JISHU

施佳 主编

出版发行：云南大学出版社
印 装：昆明理煋印务有限公司
开 本：787mm×1092mm 1/16
印 张：12
字 数：292千
版 次：2019年8月第1版
印 次：2019年8月第1次印刷
书 号：ISBN 978-7-5482-3728-0
定 价：55.00元

地 址：昆明市一二一大街182号（云南大学东陆校区英华园内）
邮 编：650091
电 话：（0871）65031071 65033244
E－mail：market@ynup.com

本书若有印装质量问题，请与印厂联系调换，联系电话：64167045。

总　　序

根据《国家职业教育改革实施方案》中对职业教育改革提出的服务1+X的有机衔接，按照职业岗位(群)的能力要求，重构基于职业工作过程的课程体系，及时将新技术、新工艺、新规范纳入课程标准和教学内容，将职业技能等级标准等有关内容融入专业课程教学，遵循育训结合、长短结合、内外结合的要求，提供满足于服务全体社会学习者的技术技能培训要求，我们编写了这套系列教材。将理论和实训合二为一，以"必需"与"够用"为度，将知识点作了较为精密的整合，内容深入浅出，通俗易懂。既有利于教学，也有利于自学。在结构的组织方面大胆打破常规，以工作过程为教学主线，通过设计不同的工程项目，将知识点和技能训练融于各个项目之中，各个项目按照知识点与技能要求循序渐进编排，突出技能的提高，符合职业教育的工学结合，真正突出了职业教育的特色。

本系列教材可作为高职高专学校电气自动化、供用电技术，应用电子技术、电子信息工程技术、机电一体化等相关专业的教材和短期培训的教材，也可供广大工程技术人员学习和参考。

目　录

项目一　单片机入门 ……………………………………………… (1)
　任务一　认识单片机 …………………………………………………… (1)
　任务二　MCS－5 单片机最小系统的应用
　　　——单片机信号灯的控制 …………………………………………… (22)

项目二　单片机程序设计 …………………………………………… (38)
　任务一　程序存储器块清零 …………………………………………… (38)
　任务二　二进制 BCD 转换 …………………………………………… (49)

项目三　单片机 I/O 口的应用 ……………………………………… (72)
　任务一　8 位流水灯的单片机控制 …………………………………… (72)
　任务二　音频的单片机控制 …………………………………………… (80)

项目四　单片机中断应用 …………………………………………… (85)
　任务一　外部中断应用
　　　——按键控制 LED 的亮灭 ………………………………………… (85)
　任务二　定时器中断应用 ……………………………………………… (94)

项目五　显示器接口设计与编程 …………………………………… (106)
　任务一　LED 静态串行显示 …………………………………………… (106)
　任务二　LED 动态数码显示 …………………………………………… (113)

项目六　串行口的使用 ……………………………………………… (118)
　任务　80C51 与 PC 机串行通信 ……………………………………… (118)

项目七　A/D 模数 D/A 数模转换实验 ………………………………………………（134）
任务一　ADC0809 模数转换实验 ………………………………………………（135）
任务二　DAC0832 数模转换实验 ………………………………………………（144）

项目八　查询式键盘和阵列式键盘实验 ………………………………………………（152）
任务一　查询式键盘实验 ………………………………………………（152）
任务二　阵列式键盘实验 ………………………………………………（159）

附　录 ………………………………………………（169）
附录一　MCS－51 单片机指令表 ………………………………………………（169）
附录二　Keil 软件的使用 ………………………………………………（174）

参考文献 ………………………………………………（181）

项目一　单片机入门

【引　入】

随着电子技术的发展，特别是应用技术的飞速发展，计算机逐步向微型化发展。微型计算机就是以微处理器为核心，采用系统总线技术，具备存储能力，通过 I/O 接口和外部交换信息。

单片机是单片微型计算机(single chip microcomputer)的简称，现在单片机已经渗入我们生活的各个领域，几乎很难找到哪个领域没有单片机的踪迹。小到电话、玩具、手机、彩电、冰箱、空调。大到飞机、工业自动控制、导弹的导航装置、自动控制领域的智能仪表、机器人等。在项目一中，我们将通过一些实物来初步认识单片机，了解它的产生与发展，了解 MCS－51 单片机的外部引脚结构。另外，本项目也将介绍数制和数字电路的基础知识，以便于学习后面的内容。

【技能要求】

1. 熟悉单片机的基本概念，系列产品及应用
2. 掌握单片机最小系统的组成结构
3. 掌握数制的转换、常见的几种编码及补码的生成

任务一　认识单片机

【任务目标】

1. 认识单片机
2. 熟记 MCS－51 单片机的各引脚
3. 记住单片机各引脚标号
4. 掌握单片机的基本结构

【任务描述】

随着科学技术的发展，单片机在各领域中已有了广泛的应用，本任务通过对知识探究中单片机的学习，能认识单片机的基本结构，补全单片机引脚结构图，记住各引脚标号及名称，并且能够在实验板上找出单片机各引脚位置。

【任务分析】

本书主要采用的是 ATMEL 公司的 89C51 单片机，其外型和结构跟 INTEL 公司的 MSC－51 系列的单片机类似。从本任务中我们要了解单片机的概念并熟悉 MCS－51 单片机的外部结构及内部结构。

【任务实施】

一、认识单片机

单片机就是把中央处理器(central processing unit，CPU)、数据存储器(random access memory，RAM)、程序存储器(read only memory，ROM)、定时/计数器以及输入/输出(lnput/output，I/O)接口电路等主要功能部件集成在一块集成电路芯片上的微型计算机。

图 1－1－1 是常见的几种单片机芯片的实物图，(a)图是 Intel 公司的 4004 和 8008 单片机，(b)图是 ATMEL 公司的 AT 系列单片机，(c)图是 Microchip 公司的 PIC 系列单片机。

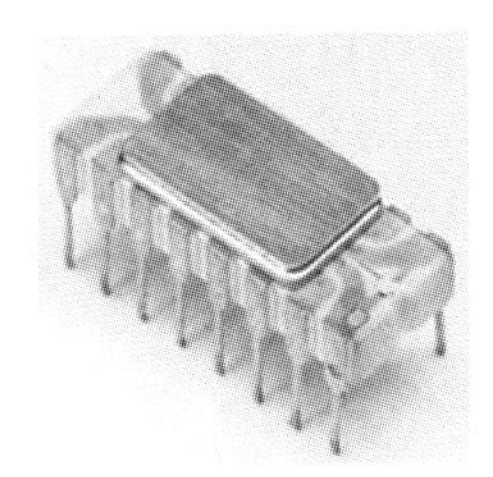

(a)lntel 公司的4004(左)和8008(右)

(b)ATMEL 公司 AT 系列

(c)Microchip 公司的 PIC 系列

图 1－1－1　常见单片机芯片

二、认识并熟记 MCS－51 系列单片机的引脚分配

MCS－51 系列单片机芯片共有 40 根引脚，采用双列直插的封装形式，图 1－1－2 是以芯片 AT89C51 为例的 MCS－51 系列的引脚结构图。

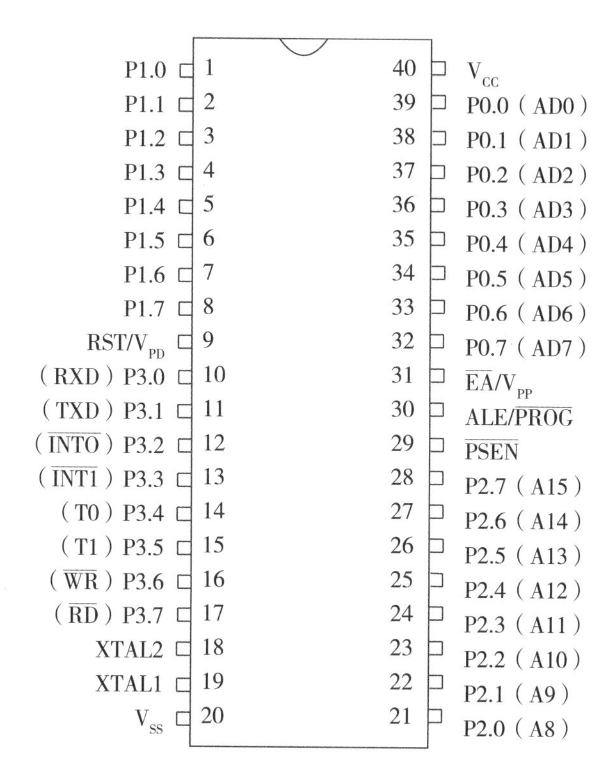

图 1－1－2　MCS－51 系列的引脚结构图

三、了解 MCS－51 系列单片机的结构

图 1－1－3 是 MSC－51 系列单片机内部结构框图，MSC－51 系列单片机属于总线控制结构。芯片内包括：中央处理器（CPU）、数据存储器（RAM）、程序存储器（ROM）、定时/计数器及 4 个 8 位的并行 I/O 接口。

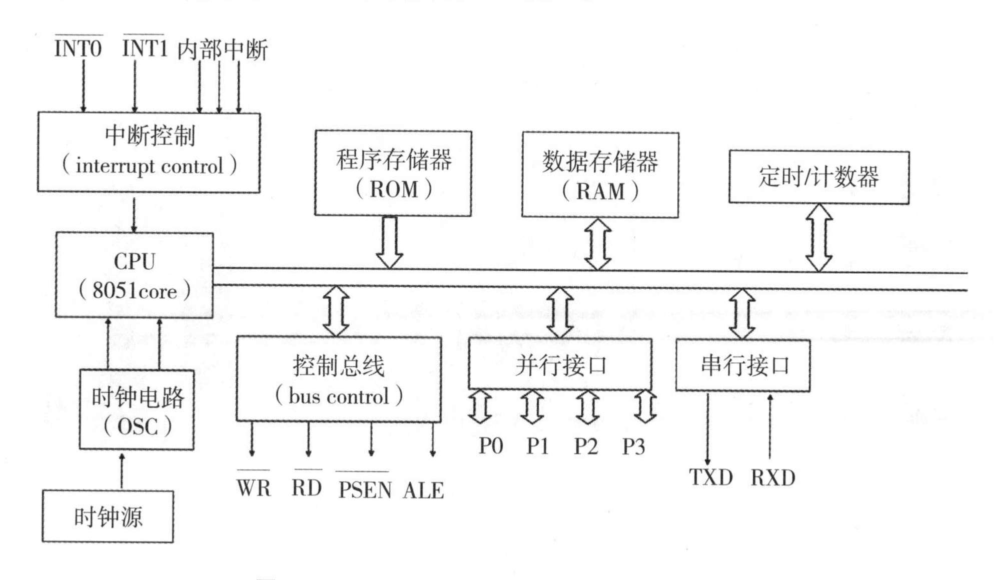

图 1－1－3　MSC－51 系列单片机内部结构框图

【巩固练习】

1. 补全下面方框中单片机引脚结构图，并对其进行记忆。

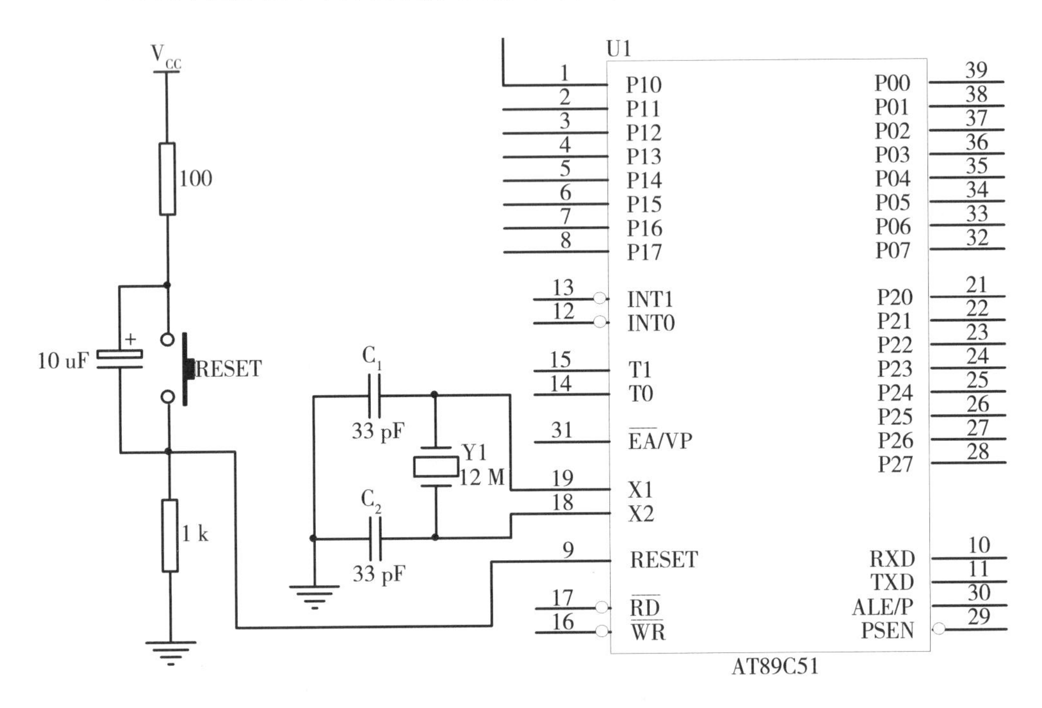

图 1-1-4　单片机引脚结构图

2. 根据引脚图在图 1-1-5 所示的实验板上找出各引脚位置。

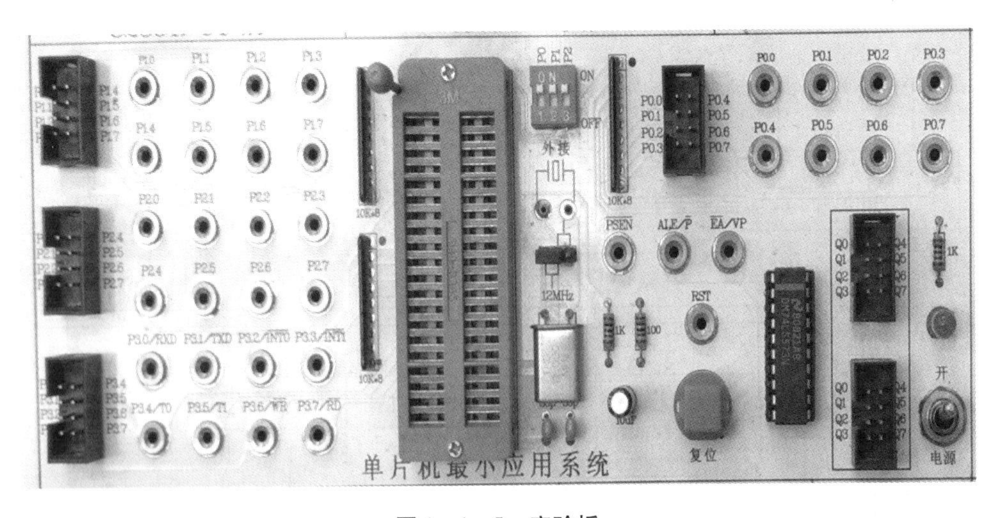

图 1-1-5　实验板

【知识点链接】

一、认识单片机

1. 什么是单片机

单片机是单片微型计算机，又称为微控制器(MCU)，指一个集成在一块芯片上的完整计算机系统，它是一种集成电路芯片，采用超大规模集成电路技术把具有数据处理能力的中央处理器(CPU)、随机存储器(RAM)、只读存储器(ROM)、多种I/O口和中断系统、定时器/计数器等(可能还包括显示驱动电路、脉宽调制电路、模拟多路转换器、A/D转换器等电路)集成到一块硅片上，构成的一个小而完善的微型计算机系统，其在工业控制领域应用广泛。和计算机相比，单片机只缺少了I/O设备，概括地讲：一块芯片就成了一台计算机。它的体积小、质量轻、价格便宜，为学习、应用和开发提供了便利条件。

2. 单片机的发展概况及发展趋势

1)单片机发展概况

单片机诞生于20世纪70年代末，单片机的发展经历了四个阶段。单片机作为微型计算机的一个重要分支，应用面很广，发展很快。自单片机诞生至今，已发展为上百种系列的近千个机种。目前，单片机正朝着高性能和多品种方向发展，趋势是进一步向着CMOS化、低功耗、小体积、大容量、高性能、低价格和外围电路内装化等几个方面发展。

(1)第一阶段(1976—1978)：单片机的探索阶段。以Intel公司的MCS－48为代表。MCS－48的推出是在工控领域中的一种探索，参与这一探索的公司还有Motorola、Zilog等，都取得了令人满意的效果。

(2)第二阶段(1978—1982)：单片机的完善阶段。Intel公司在MCS－48基础上推出了完善的、典型的单片机系列MCS－51。它在以下几个方面奠定了典型的通用总线型单片机体系结构：①完善的外部总线，MCS－51设置了经典的8位单片机的总线结构，包括8位数据总线、16位地址总线、控制总线及具有通信功能的串行通信接口。②CPU外围功能单元的集中管理模式。③体现工控特性的位地址空间及位操作方式。④指令系统趋于丰富和完善，并且增加了许多突出控制功能的指令。

(3)第三阶段(1982—1990)：8位单片机的巩固发展及16位单片机的推出阶段，也是单片机向微控制器发展的阶段。Intel公司推出的MCS－96系列单片机，将一些用于测控系统的模数转换器、程序运行监视器、脉宽调制器等纳入单片机中，体现了单片机的微控制器特征。随着MCS－51系列的广泛应用，许多电气厂商竞相使用80C51为内核，将许多测控系统中使用的电路技术、接口技术、多通道A/D转换部件、可靠性技术等应用到单片机中，增强了外围电路功能，强化了智能控制的特征。

(4)第四阶段(1990—至今)：微控制器的全面发展阶段。随着单片机在各个领域全面深入地发展和应用，出现了高速、大寻址范围、强运算能力的8位/16位/32位通用型单片机，以及小型廉价的专用型单片机。

2)单片机发展趋势

纵观单片机的发展过程，可以预测单片机的发展趋势，大致有以下以个方面：

(1)低功耗CMOS(互补金属氧化物半导体)化：MCS－51系列的8031推出时的功耗达630 MW，而现在的单片机普遍都在100 MW左右，随着对单片机功耗要求越来越低，现在的各个单片机制造商基本都采用了CMOS。例如，80C51就采用了HMOS(高密度金属氧化物半导体)工艺和CHMOS(互补高密度金属氧化物半导体)工艺。CMOS虽然功耗较低，但由于其物理特征决定其工作速度不够高，而CHMOS则具备了高速和低功耗的特点，这些特征，更适合于在要求低功耗如电池供电的应用场合。所以这种工艺将是今后一段时期内单片机发展的主要途径。

(2)微型单片化：现在常规的单片机普遍都是将中央处理器(CPU)、随机存储器(RAM)、只读程序存储器(ROM)、并行和串行通信接口、中断系统、定时电路、时钟电路集成在一块单一的芯片上，增强型的单片机集成了如A/D转换器、PMW(脉宽调制电路)、WDT(看门狗)，有些单片机将LCD(液晶)驱动电路都集成在单一的芯片上，这样单片机包含的单元电路就更多，功能就越强大。单片机厂商还可以根据用户的要求量身定做，制造出具有自己特色的单片机芯片。此外，现在的产品普遍要求体积小、重量轻，这就要求单片机除了功能强和功耗低外，还要求其体积小。现在的许多单片机都具有多种封装形式，其中SMD(表面封装)越来越受欢迎，使得由单片机构成的系统正朝微型化方向发展。

(3)主流与多品种共存：虽然现在单片机的品种繁多，各具特色，但仍以80C51为核心的单片机占主流，兼容其结构和指令系统的有Philips公司的产品、ATMEL公司的产品和中国台湾的Winbond系列单片机。所以C8051为核心的单片机占据了单片机市场的半壁江山。而Microchip公司的PIC精简指令集(RISC)也有着强劲的发展势头，中国台湾的Holtek公司近年的单片机产量与日俱增，凭借其价低质优的优势，占据一定的市场份额。此外还有Motorola公司的产品及日本几家大公司的专用单片机。在一定时期内，这种情形将得以延续，不存在某个单片机一统天下的垄断局面，走的是依存互补、相辅相成、共同发展的道路。

(4)低电压化：几乎所有的单片机都有WAIT、STOP等省电运行方式。允许使用的电压范围也越来越宽，一般在3～6 V内工作。低电压供电的单片机电源下限已可达1～2 V。目前0.8 V供电的单片机已经问世。

(5)低噪声与高可靠性：为提高单片机的抗电磁干扰能力，使产品能适应恶劣的工作环境，满足在电磁兼容性方面更高标准的要求，各单片机厂家在单片机内部电路中都采用了新的技术措施。以往单片机内的ROM为1～4 kB，RAM为64～128 B。但在需要复杂控制的场合，该存储容量是不够的，必须进行外接扩充。为了适应这种要求，耐运用新的工艺，使片内存储器大容量化。目前，单片机内ROM最大可达64 kB，RAM最大为2 kB。

(6)高性能化：主要是指进一步改进CPU的性能，加快指令运算的速度和提高系统控制的可靠性。采用精简指令集(RISC)结构和流水线技术，可以大幅度提高运行速度。现指令速度最高者已达100 MIPS(million instruction per seconds，兆指令每秒)，并加强了位处理功能、中断和定时控制功能。这类单片机的运算速度比标准的单片机高出10倍以上。由于这类单片机具有极高的指令速度，因此，可以用软件模拟其I/O功能，由此引入了虚拟外设的新概念。

(6)小容量、低价格化：与上述相反，以4位、8位机为中心的小容量、低价格化也是发展动向之一。这类单片机的用途是把以往用数字逻辑集成电路组成的控制电路单片化，可广泛应用于家电产品。外围电路内装化也是单片机发展的主要方向。随着集成度的不断提高，有可能把众多的各种外围功能器件集成在片内。除了一般必须具有的CPU、ROM、RAM、定时器/计数器等部件外，片内集成的部件还有模/数转换器、DMA控制器、声音发生器、监视定时器、液晶显示驱动器、彩色电视机和录像机用的锁相电路等。串行扩展技术在很长一段时间里，通用型单片机通过三总线结构扩展外围器件成为单片机应用的主流结构。随着低价位OTP(one time programble)及各种类型片内程序存储器的发展，加之外围接口不断进入片内，推动了单片机"单片"应用结构的发展。特别是IC、SPI等串行总线的引入，可以使单片机的引脚设计得更少，单片机系统结构更加简化及规范化。

二、常见的单片机产品及其应用

1. 常见的单片机产品

单片机种类繁多，但是一般常用的有以下几种：

(1)ATMEL公司的AVR单片机，是增强型RISC内载Flash的单片机，芯片上的Flash存储器附在用户的产品中，可随时编程和再编程，使用户的产品设计容易，更新换代方便。AVR单片机采用增强的RISC结构，使其具有高速处理能力，在一个时钟周期内可执行复杂的指令，每MHz可实现1 MIPS的处理能力。AVR单片机工作电压为2.7~6.0 V，可以实现耗电最优化。AVR单片机广泛应用于计算机外部设备、工业实时控制、仪器仪表、通信设备、家用电器、宇航设备等各个领域。

(2)Motorola单片机：Motorola是世界上最大的单片机厂商，从M6800开始，开发了多个品种，4位、8位、16位、32位的单片机其都能生产。其中典型的代表有：8位机M6805、M68HC05系列，8位机增强型M68HC11、M68HC12，16位机M68HC16，32位机M683XX。Motorola单片机的特点之一是在同样的速度下所用的时钟频率较Intel类单片机低得多，因而使其高频、噪声低、抗干扰能力强，更适合于工控领域及恶劣的环境。

(3)MicroChip单片机：MicroChip单片机的主要产品是PIC，16C系列和17C系列8位单片机。MicroChipCPU采用RISC结构，仅有33、35、58条指令，采用Harvard双总线结构，运行速度快、低工作电压、低功耗、较大的输入输出直接驱动能力、价格低、一次性编程、小体积。适用于用量大、档次低、价格敏感的产品。在办公自动化设备、消费电子产品、电讯通信、智能仪器仪表、汽车电子、金融电子及工业控制不同领域都有广泛的应用。PIC系列单片机在世界单片机市场份额排名中逐年提高，发展非常迅速。

(4)MDT20XX系列单片机：属工业级OTP单片机，由Micon公司生产，与PIC单片机管脚完全一致，海尔集团的电冰箱控制器、TCL通信产品、长安奥拓铃木小轿车功率分配器都采用这种单片机。

(5)EM78系列OTP型单片机：由台湾义隆电子股份有限公司生产，可直接替代

PIC16CXX，管脚兼容，软件可转换。

(6)EPSON 单片机：EPSON 单片机以低电压、低功耗和内置 LCD 驱动器特点著称于世，尤其是其 LCD 驱动部分做得很好。广泛用于工业控制、医疗设备、家用电器、仪器仪表、通信设备和手持式消费类产品等领域。目前 EPSON 已推出 4 位单片机 SMC62 系列、SMC63 系列、SMC60 系列和 8 位单片机。

2. 单片机的应用

目前单片机已渗透到我们生活的各个领域，几乎很难找到哪个领域没有单片机的踪迹。导弹的导航装置，飞机上各种仪表的控制，计算机的网络通信与数据传输，工业自动化过程的实时控制和数据处理，各种智能 IC 卡，民用豪华轿车的安全保障系统，录像机、摄像机、全自动洗衣机的控制以及程控玩具、电子宠物等，这些都离不开单片机。更不用说自动控制领域的机器人、智能仪表、医疗器械了。因此，单片机的学习、开发与应用将造就一批计算机应用与智能化控制的科学家、工程师。

单片机被广泛应用于仪器仪表、家用电器、医用设备、航空航天、专用设备的智能化管理及过程控制等领域，大致可分如下几个方面：

(1)在智能仪器仪表上的应用：单片机具有体积小、功耗低、控制功能强、扩展灵活、微型化和使用方便等优点，被广泛应用于仪器仪表中。结合不同类型的传感器，可实现诸如电压、功率、频率、湿度、温度、流量、速度、厚度、角度、长度、硬度、元素、压力等物理量的测量。采用单片机控制可使得仪器仪表数字化、智能化、微型化，且功能比起采用电子或数字电路更加强大，例如，精密的测量设备(功率计，示波器，各种分析仪)，图 1 -1 -6 所示为电子表中的单片机。

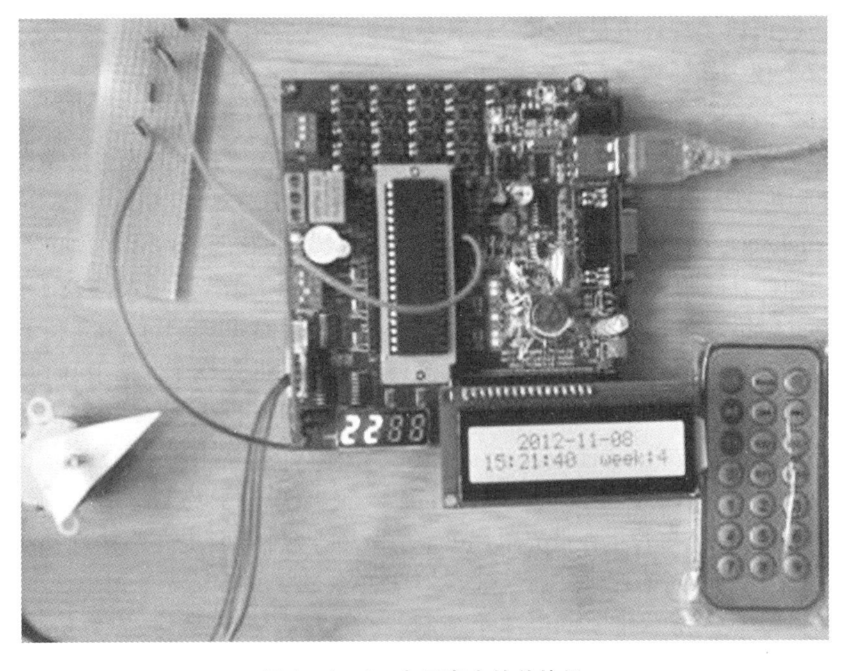

图 1 -1 -6　电子表中的单片机

（2）在工业控制中的应用：用单片机可以构成形式多样的控制系统、数据采集系统等。例如，工厂流水线的智能化管理，电梯智能化控制、各种报警系统，与计算机联网构成二级控制系统等。图1-1-7所示为显示屏中的单片机。

（3）在家用电器中的应用：可以这样说，现在的家用电器基本上都采用了单片机控制，如电饭煲、洗衣机、电冰箱、空调机、彩电、音响视频器材、电子秤量设备，五花八门，无所不在。

（4）在计算机网络和通信领域中的应用：现代的单片机普遍具备通信接口，可以很方便地与计算机进行数据通信，为在计算机网络和通信设备间的应用提供了极好的物质条件。现在的通信设备基本上都实现了单片机智能控制，如手机、电话机、小型程控交换机、楼宇自动通信呼叫系统、列车无线通信、集群移动通信、无线电对讲机等。图1-1-8所示为键盘中的单片机，图1-1-9所示为鼠标中的单片机。

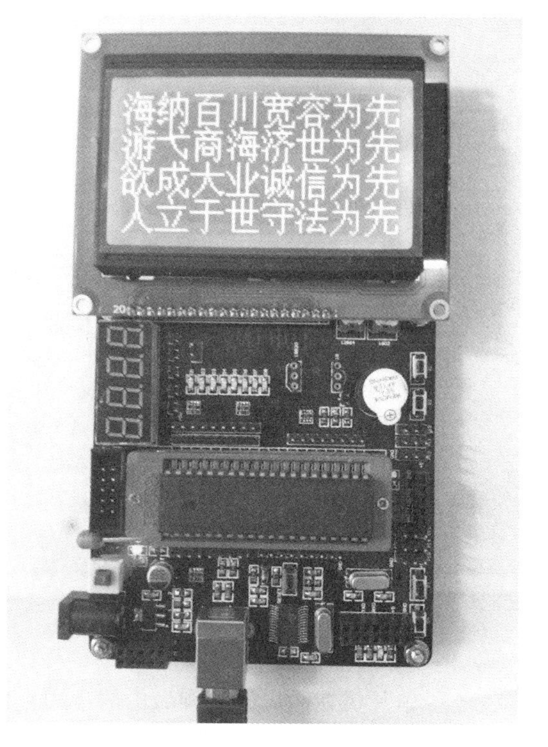

图1-1-7　显示屏中的单片机

图1-1-8　键盘中的单片机

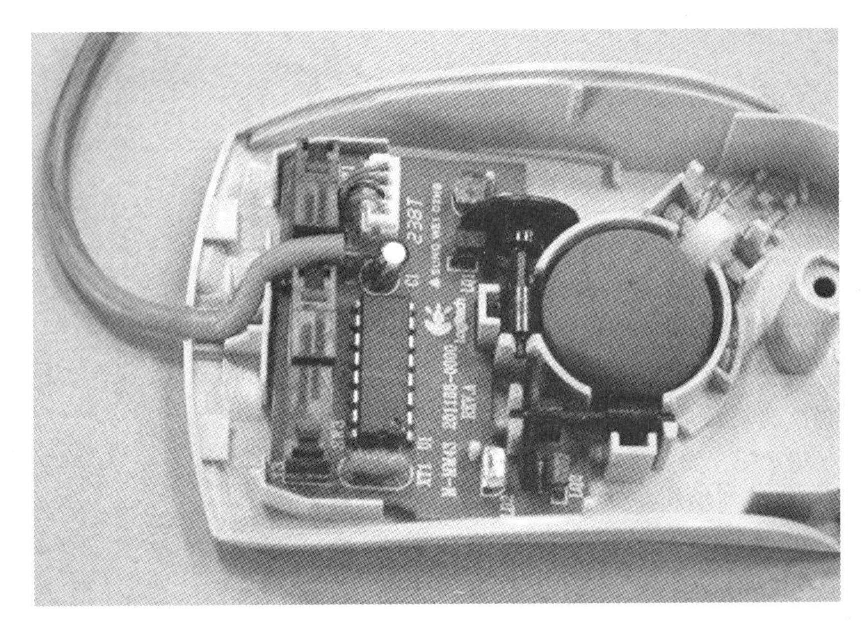

图 1－1－9　鼠标中的单片机

(5)单片机在医用设备领域中的应用：单片机在医用设备中的用途亦相当广泛，例如医用呼吸机、各种分析仪、监护仪、超声诊断设备及病床呼叫系统等。

(6)在各种大型电器中的模块化应用：某些专用单片机用于实现特定功能，从而在各种电路中进行模块化应用，而不要求使用人员了解其内部结构。如音乐集成单片机，其原理如下：音乐信号以数字的形式存于存储器中(类似于 ROM)，由微控制器读出，转化为模拟音乐电信号(类似于声卡)。在大型电路中，这种模块化应用极大地缩小了电路的体积，简化了电路，降低了损坏、错误率，还便于更换。

图 1－1－10　汽车仪表中的单片机

(7)单片机在汽车设备领域中的应用：单片机在汽车设备中的应用非常广泛，例如汽车中的发动机控制器、基于 CAN 总线的汽车发动机智能电子控制器、GPS 导航系统、ABS 防抱死系统、制动系统等。图 1－1－10 所示为汽车仪表中的单片机，图 1－1－11 所示为汽车模型中的单片机。

此外，单片机在工商、金融、科研、教育、国防航空航天等领域都有着十分广泛的用途。

图 1-1-11　汽车模型中的单片机

三、单片机运算基础——数制表示与编码

1. 数制概念及要素

1)数制概念

数制是用一组固定的数字和一套统一的规则来表示数的方法。在数值计算中，一般采用的是进位计数。按照进位的规则进行计数的数制，称为进位计数制。常用的进位计数制有二进制(用 B 表示)、八进制(用 O 或 Q 表示)、十进制(用 D 表示或不用任何标识)、十六进制(用 H 表示)。在人们使用最多的进位计数制中，表示数的符号在不同的位置上所代表的数的值是不同的。

(1)十进制

人们日常生活中最熟悉的进位计数制。在十进制中，数用 0，1，2，3，4，5，6，7，8，9 这十个符号来描述。计数规则是逢十进一。

(2)二进制

在计算机系统中采用的进位计数制。在二进制中，数用 0 和 1 两个符号来描述。计数规则是逢二进一，借一当二。

(3)十六进制

人们在计算机指令代码和数据的书写中经常使用的数制。在十六进制中，数用 0，1，…，9 和 A，B，…，F(或 a，b，…，f)16 个符号来描述。计数规则是逢十六进一。

2)数制基本要素

(1)数码

数制中表示基本数值大小的不同数字符号。例如，十进制有 10 个数码：0、1、2、3、4、5、6、7、8、9。

(2)基数

数制所使用数码的个数。例如，二进制的基数为 2；十进制的基数为 10。

(3)位权

数制中某一位上的“1”所表示的数值大小(所处位置的价值)。例如，十进制的

123，1 的位权是 100，2 的位权是 10，3 的位权是 1。二进制中的 1011，第一个“1”的位权是 8，0 的位权是 4，第二个“1”的位权是 2，第三个“1”的位权是 1。

2. 数制转化

进制也就是进制位，对于接触过电脑的人来说应该都不陌生，我们常用的进制包括：二进制、八进制、十进制与十六进制，它们之间的区别在于数运算时是逢几进一位。例如二进制是逢 2 进一位，十进制是逢 10 进一位。

1）十进制转二进制

方法为：十进制数除 2 取余法，即十进制数除 2，余数为权位上的数，得到的商值继续除 2，依此步骤继续向下运算直到商为 0 为止。具体用法如下图 1－1－12 所示。

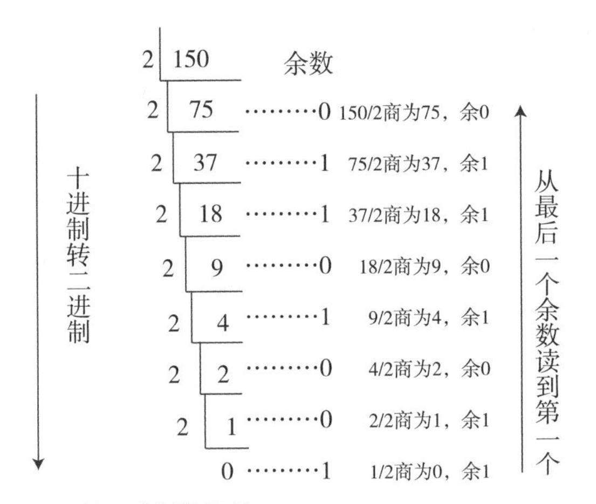

图 1－1－12　十进制转二进制

2）二进制转十进制

方法为：把二进制数按权展开、相加即得十进制数。具体用法如图 1－1－13 所示。

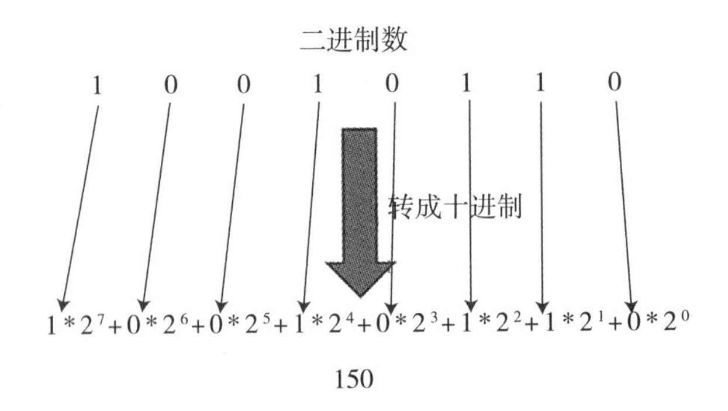

图 1－1－13　二进制转十进制

3）二进制与八进制之间的转换

（1）二进制转八进制。

方法为：3 位二进制数按权展开、相加得到 1 位八进制数（注意事项：3 位二进制转成八进制是从右到左开始转换，不足时补 0）。具体用法如图 1－1－14 所示。

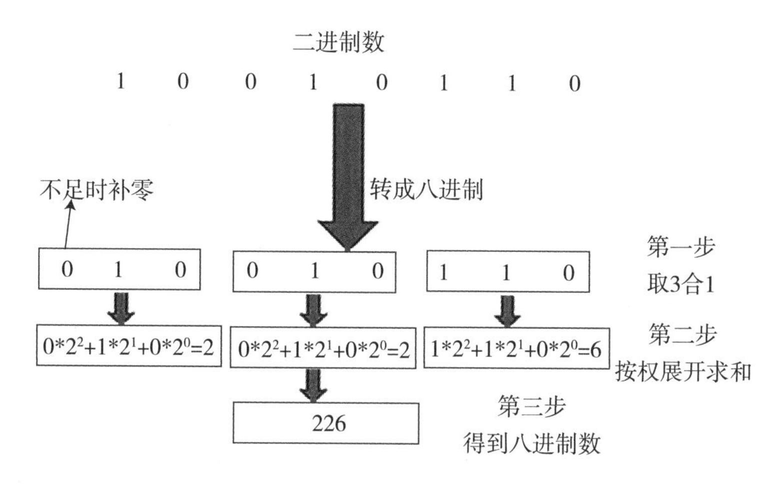

图 1－1－14　二进制转八进制

（2）八进制转二进制。

方法为：八进制数通过除 2 取余法，得到二进制数，对每个八进制为 3 个二进制，不足时在最左边补零。具体用法如图 1－1－15 所示。

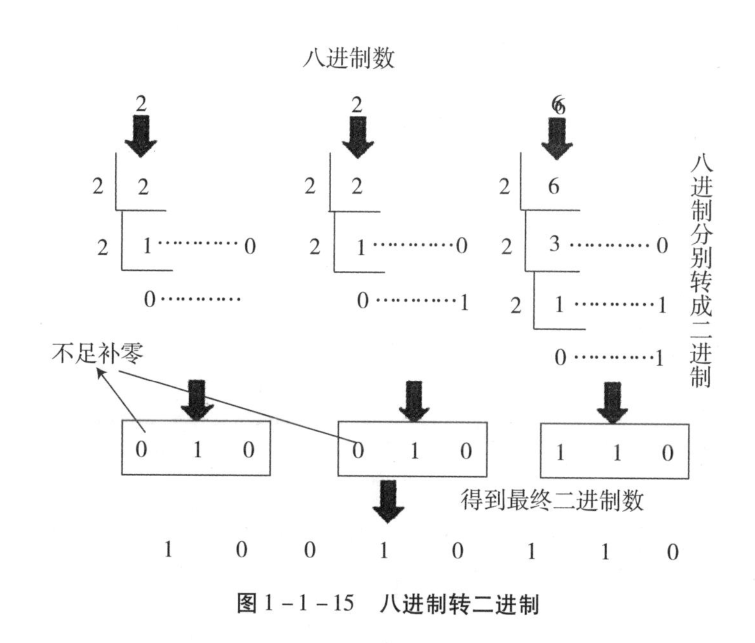

图 1－1－15　八进制转二进制

4）二进制与十六进制之间的转换

（1）二进制转十六进制。

方法为：与二进制转八进制方法近似，八进制是取三合一，十六进制是取四合一(注意事项：4位二进制转成十六进制是从右到左开始转换，不足时补0)。具体用法如图1－1－16所示。

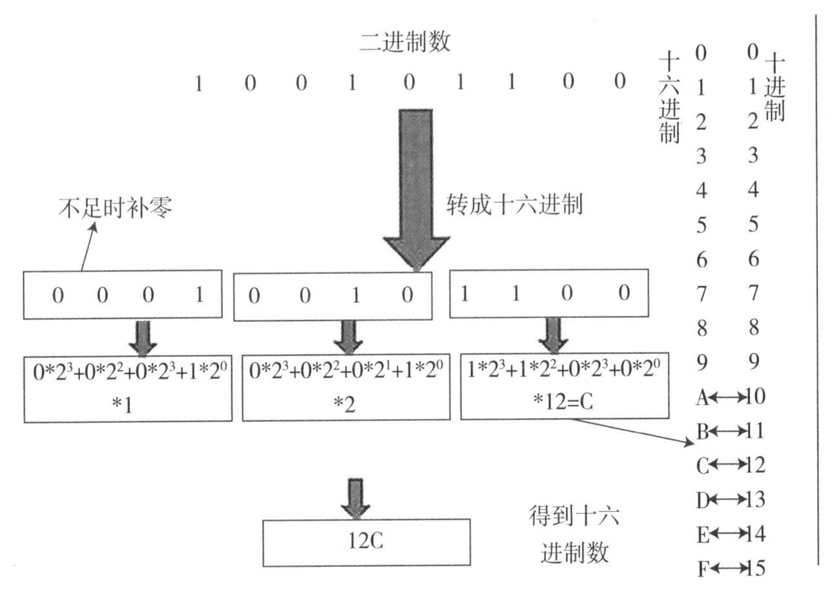

图1－1－16　二进制转十六进制

(2)十六进制转二进制。

方法为：十六进制数通过除2取余法，得到二进制数，对每个十六进制转为4个二进制，不足时在最左边补零。具体用法如图1－1－17所示。

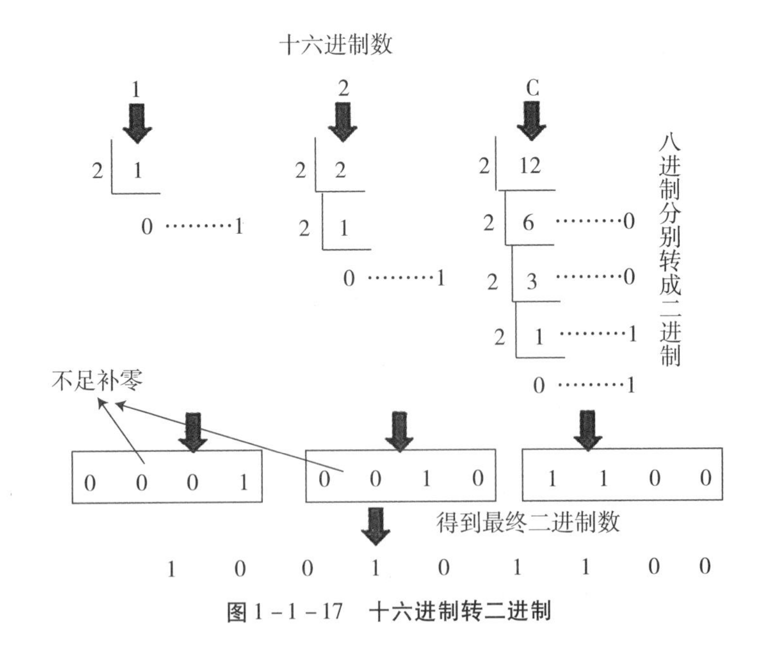

图1－1－17　十六进制转二进制

5）十进制与八进制与十六进制之间的转换

（1）十进制转八进制或十六进制。

十进制转八进制或十六进制有两种方法：

①间接法：把十进制转成二进制，然后再由二进制转成八进制或十六进制。

②直接法：把十进制转八进制或十六进制，按照除 8 或 16 取余，直到商为 0 为止。具体用法如图 1－1－18 所示。

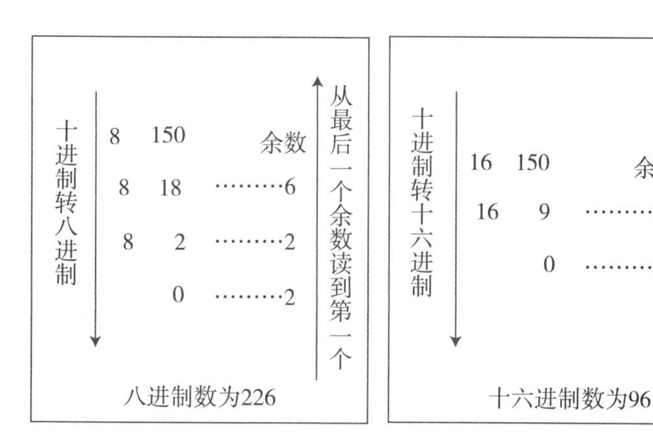

图 1－1－18　十进制转八进制或十六进制

（2）八进制或十六进制转成十进制。

方法为：把八进制、十六进制数按权展开、相加即得十进制数。具体用法如图 1－1－19 所示。

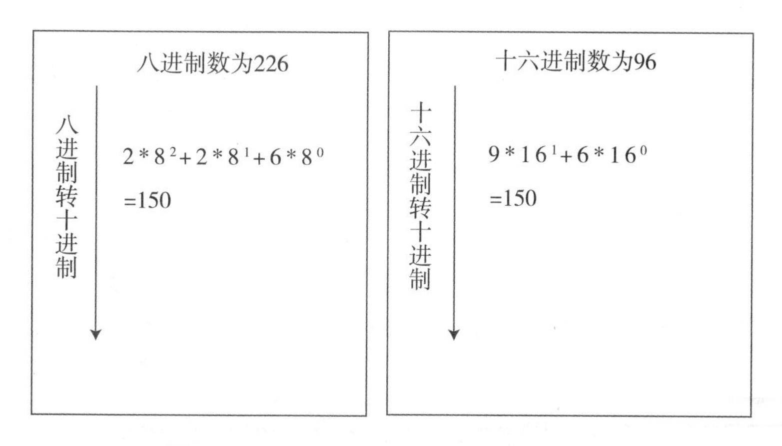

图 1－1－19　八进制成十六进制转成十进制

6）十六进制与八进制之间的转换

十六进制与八进制之间的转换有两种方法：

①它们之间的转换可以先转成二进制，然后再相互转换。

②它们之间的转换可以先转成十进制，然后再相互转换。

十六进制与八进制之间的转换如图 1－1－20 所示。

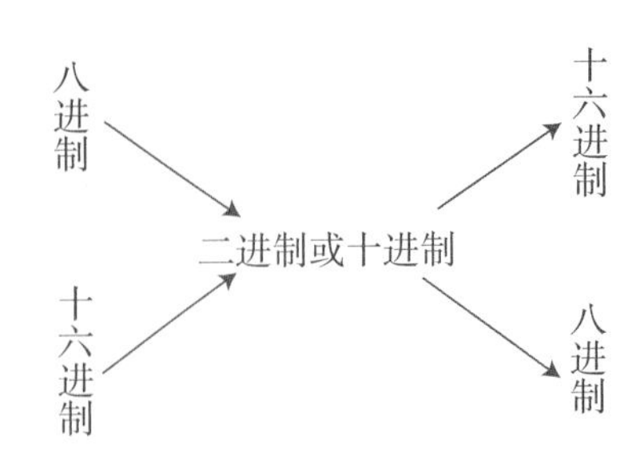

图 1－1－20　十六进制与八进制之间的转换

总结：

(1)进制间的转换注意两者间权的对应关系。

(2)记住各进制数之间的对应关系。

(3)二进制转换成十六进制用四合一的方法。

(4)十六进制转换成二进制用一分四的方法。

(5)不能直接转换的可通过间接法进行转换。

3. 计算机中常用的编码

1)ASCII 码

我们知道，在计算机内部，所有的信息最终都可表示为一个二进制的字符串。每一个二进制位(bit)有 0 和 1 两种状态，因此 8 个二进制位就可以组合出 256 种状态，被称为一个字节(byte)。也就是说，一个字节可以用来表示 256 种不同的状态，每个状态对应一个符号，就是 256 个符号，从 0000000 到 11111111。

20 世纪 60 年代，美国制定了一套字符编码，对英语字符与二进制位之间的关系做了统一规定，称为 ASCII 码，一直沿用至今。ASCII 码规定了 128 个字符的编码，如空格“SPACE”是 32(二进制 00100000)，大写的字母“A”是 65(二进制 01000001)。这 128 个符号(包括 32 个不能打印出来的控制符号)只占用了一个字节的后面 7 位，最前面的 1 位统一规定为 0。

2)BCD 码

用 4 位二进制代码来表示 1 位十进制数，称为二—十进制编码，简称 BCD(binary coded decimal)码。根据代码的每一位是否有权值，BCD 码可分为有权码和无权码两类，应用最多的是 8421BCD 码，无权码用得较多的是余三码和格雷码。我们通常所说的 BCD 码指的是 8421BCD 码。这些编码跟十进制数对应的关系如表 1－1－1 所示。

表 1－1－1　十进制与 BCD 码、余 3 码、格雷码的对应关系

十进制数	8421BCD 码	余 3 码	格雷码
1	0000	0011	0000
2	0001	0100	0001
3	0010	0101	0011
4	0011	0110	0010

续　表

十进制数	8421BCD 码	余 3 码	格雷码
5	0100	0111	0110
6	0101	1000	1110
7	0110	1001	1010
8	0111	1010	1000
9	1000	1011	1100
10	1001	1100	0100

8421BCD 码中的“8421”表示从高到低各位二进制位对应的权值分别为 8、4、2、1，将各二进制位与权值相乘，并将乘积相加就得到相应的十进制数。例如，8421BCD 码“0111”，$0\times8+1\times4+1\times2+1\times1=7D$，其中 D 表示十进制数。值得特别注意的是，8421BCD 码只有 0000～1001 共 10 个，而 1010、1011……等不是 8421BCD 码。

余三码是在 8421BCD 码的基础上，把每个数的代码加上 0011（对应十进制数 3）后得到的。格雷码的编码规则是相邻的两代码之间只有 1 位二进制位不同。不管是 8421BCD 码、余三码还是格雷码，总是 4 个二进制位对应一个十进制数，如十进制数 18 对应的 8421BCD 码就是 0001 1000。

压缩的 BCD 码用 4 个二进制位来表示十进制数，上面提到的就是压缩的 BCD 码。而非压缩 BCD 码用 1 个字节（8 个二进制位）表示一位十进制数，高 4 位总是 0000，低 4 位的 0000～1001 表示相应的十进制数。例如，十进制数 87D，采用非压缩 8421BCD 码表示为二进制数是 00001000、00000111B。这种非压缩 BCD 码主要用于非数值计算的应用领域中。

四、MCS－51 单片机基本结构

1. MCS－51 单片机的引脚结构

8051 采用 40 引脚 DIP 封装形式（双列直插式封装），引脚如图 1－1－21 所示。受封装形式的限制，有不少引脚具有两种功能。从功能上看，可以分以下三部分。

1）电源与时钟引脚

V_{CC}（40 脚）：电源端，接 +5 V 直流电源。

V_{SS}（20 脚）：接地端。

XTAL1（19 脚）/XTAL2（18 脚）：内部振荡器的输入端，接外部晶振；如果采用外部时钟，XTAL2 引脚连外部时钟，XTAL1 引脚要悬空。

2）控制引脚

ALE/$\overline{PROG}$（address latch enable/programming，30 脚）：地址锁存允许信号。当访问片外存储器时，ALE 作为锁存低 8 位的控制信号。当不访问外存储器时，ALE 引脚周期性地以 1/6 振荡器频率向外输出正脉冲，可用于对外输出时钟或定时。对片内 ROM 编程时（如 8751），此引脚作为编程脉冲输入端$\overline{PROG}$。ALE 负载驱动能力为 8 个 LSTTL (low-power schottky transistor-transistor logic，低功耗晶体管逻辑电路)器件

$\overline{PSEN}$(program store enable，29 脚)：外部程序存储允许输出端，片外程序存储器读选通信号，低电平有效。在 CPU 访问外部程序存储器期间，$\overline{SPEN}$端在每个机器周期中两次有效。负载驱动能力为 8 个 LSTTL 器件。

$\overline{EA}/V_{PP}$(enable address/voltage pulse of programming，31 脚)：外部程序存储器地址允许输入端。当$\overline{EA}$为高电平时，CPU 执行片内存储器指令，当程序计数器 PC(program counter)的值超过 0FFFH 时，将自动转向执行片外程序存储器指令。当$\overline{EA}$为低电平时，CPU 只执行片外存储器指令。对于片内 RAM 编程时，V_{PP}作为编程电压的输入端。

RST/V_{PD}(9 脚)：复位信号输入端。在晶振工作时，在此引脚上保持两个机器周期的高电平将使单片机复位。另外一个功能为备用电源的输入端，当主电源 V_{CC} 断电，V_{PD}将为片内 RAM 供电，以确保 RAM 中的信息不丢失

3)I/O 引脚

51 系列单片机共有 4 个 8 位的并行 I/O 口，I/O 引脚的功能特性将在任务二中进行讲述。

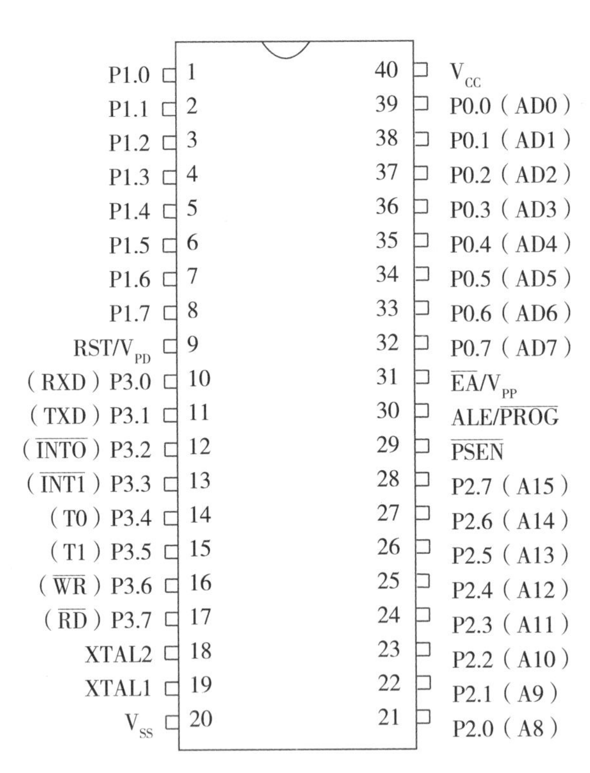

图 1-1-21　8051 引脚图

2. MCS-51 的内部结构

1)基本结构与硬件组成

MCS-51 内部功能模块构成如图 1-1-22 所示。

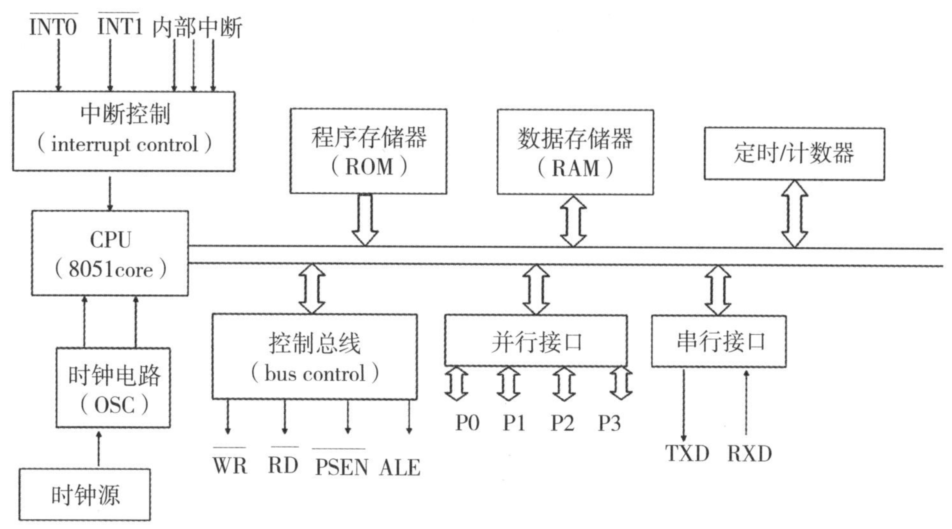

图 1－1－22　8051 的内部结构框图

从图 1－1－22 中可以看出，8051 单片机主要包含中央处理器(CPU)、程序存储器(ROM)、数据存储器(RAM)、定时器/计数器、并行接口、串行接口和中断系统以及数据总线、地址总线和控制总线。

2)中央处理器 CPU

中央处理器 CPU 是单片机的核心组成部分，从功能上可以分为控制器和运算器两个部分。控制器产生各种控制信号以协调各部件之间的数据传送、运算等操作；运算器主要执行算术运算、逻辑运算和位操作等。

(1)控制器：控制器主要包括 16 位程序计数器 PC(program counter)、数据指针 DPTR(data pointer)、堆栈指针 SP(stack pointer)、指令寄存器 IR(instruction register)、指令译码器、控制逻辑电路等。

①程序计数器 PC：PC 是一个 16 位的专用寄存器，可寻址范围是 0000H ~ FFFFH，共 64 kB，它的作用是存放 CPU 下一条要执行的指令代码所在存储单元的 16 位地址。程序的每条指令都存放在 ROM 的某一存储单元中，当单片机开始执行程序时，PC 中装入程序的第一条指令所在存储单元的地址。在顺序执行过程中，CPU 每取出一条指令放到地址总线，PC 的内容会自动加 1、2 或 3(取决于指令的长度)，即(PC)←(PC)＋X，指向 CPU 下一条要执行指令的地址。当程序发生分支或转移时，如遇到转移指令、子程序调用或中断服务程序入口地址时，PC 会改变顺序执行状态，根据指令进行跳转。单片机复位后，PC 自动清 0，即 PC＝0000H，CPU 从 ROM 单元中取第一条指令执行。

②数据指针 DPTR：DPTR 是一个 16 位的专用地址指针寄存器，由两个 8 位寄存器 DPH(高 8 位)和 DPL(低 8 位)组成。当 8051 外接存储器或 I/O 口时，用 DPTR 作为地址指针，存放外部存储器或外设端口的地址。

③堆栈指针 SP：SP 指针长 8 位，用于指示堆栈栈顶地址。堆栈用于在调用子程序或进入中断程序前保存一些重要数据及程序返回地址。在 CPU 响应中断或调用子程序时，会自动将断点处的 16 位返回地址压入堆栈；在中断程序或子程序结束时，返回地

址由堆栈弹出。堆栈操作按照“先进后出”的原则存取信息，如图 1－1－23 所示。

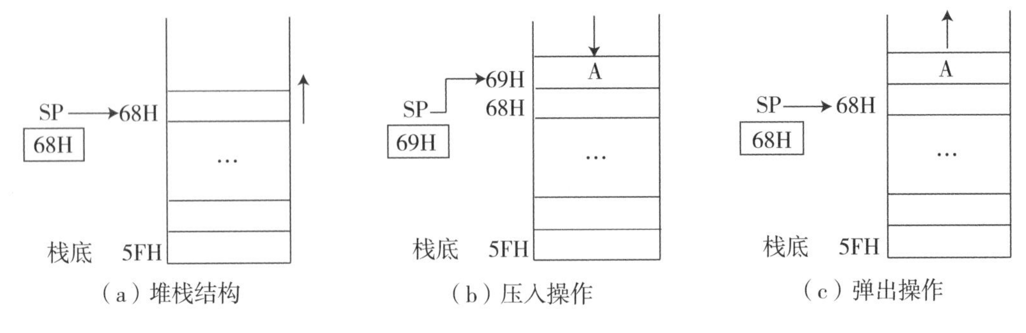

（a）堆栈结构　（b）压入操作　（c）弹出操作

图 1－1－23　堆栈操作

单片机复位后，SP 的初始值为 07H，进入栈区的数据将从 08H 开始，可用区间为 08H～7FH。08H～1FH 为 1～3 区工作寄存器组，20H～2FH 为位寻址区。

用户可以根据程序需要，在可用区间内对 SP 指针初始值进行设定。

④指令寄存器 IR：IR 字长 8 位，用于暂存待执行的指令，等待译码。

⑤指令译码器：指令译码器对指令寄存器中的指令进行译码，将指令转变为正确的电信号。

⑥控制逻辑电路：控制逻辑电路根据译码器输出的电信号，产生执行指令所需的各种控制信号。

（2）运算器：运算器主要包括算术逻辑单元 ALU（arithmetical logic unit）、累加器（accumulator）A、通用寄存器（general purpose register）B、程序状态字（program status word，PSW）寄存器、十进制调整电路、布尔处理器等。

①算术逻辑单元 ALU：ALU 是一个运算器，主要对 8 位二进制数进行算术与逻辑运算，包括加、减、乘、除四则运算，与、或、非、异或等逻辑操作。另外还具有置位、移位、测试转移等功能。

②累加器 A：累加器 A 又记作 ACC，是一个 8 位寄存器。在算术与逻辑运算中，用来存放操作数或运算结果。另外，在与外部存储器或 I/O 端口进行数据传送也要经过累加器 A 完成。

③通用寄存器 B：通用寄存器 B 是一个 8 位寄存器，当执行乘法或除法指令时，通用寄存器 B 与 A 配合使用。执行指令前通用寄存器 B 用于存放乘数或除数，在完成后存放乘积的高 8 位或除法的余数。在其他指令中，通用 B 可作为一般寄存器使用。

④PSW 寄存器：PSW 寄存器是一个 8 位寄存器，用于存放指令执行后的状态信息，以供程序查询和判断。PSW 的格式及每位具体含义如表 1－1－2 所示。

表 1－1－2　PSW 8 位含义表

位　序	PSW. 7	PSW. 6	PSW. 5	PSW. 4	PSW. 3	PSW. 2	PSW. 1	PSW. 0
位标志	CY	AC	F0	RS1	RS0	OV	—	P

注：其中 PSW. 0 为最低位，PSWY. 7 为最高位，PSW. 1 是保留位，未使用。

a. 进位标志位 CY(carry flag)。

在 ALU 中进行加减运算过程中，最高位 A7(累加器最高位)产生进位或借位时，CY =1，否则 CY =0。另外，该位在位操作中也作为累加器使用。

b. 辅助进位 AC(auxiliary carry)。

当进行加减运算过程中，低 4 位(A3)向高 4 位(A4)产生进位或借位时，AC =1，否则 AC =0。此外，AC 标志也常用于 BCD 码运算时的十进制自动调整。

c. 用户标志位 F0(flag zero)。

供用户定义的标志位，F0 状态通常不在执行指令过程中自动形成，用户可根据程序执行的需要通过传送指令确定。

d. 寄存器组选择位 RS0 和 RS1。

用于设定当前工作寄存器的组号。8051 有 8 个 8 位寄存器(R0 ~ R7)，分为 4 组。RS1、RS0 与 R0 ~ R7 的对应关系如表 1 -1 -3 所示。

表 1 -1 -3　当前工作寄存器组号对照表

RS1	RS0	R0 ~ R7 组号	R0 ~ R7 的物理地址
0	0	0	00 ~ 07H
0	1	1	08 ~ 0FH
1	0	2	10 ~ 17H
1	1	3	18 ~ 1FH

e. 溢出标志位 OV(over flow)。

用于指示运算过程中是否发生了溢出。对于 8 位表示的补码来说，如果运算结果小于 -128 或者大于 +127，则产生溢出，此时 OV =1，否则 OV =0。通过查看 OV 的状态，可以判断累加器 A 中的数值是否正确。

f. 奇偶标志位 P(parity)。

用于跟踪检验累加器 A 中“1”的个数的奇偶性。A 中“1”的个数为奇数时 P =1，否则 P =0。在单片机串行通信过程中，通过 P 可以判断传输过程中是否发生跳码现象。

【学习测试】

1. 什么是单片机？它主要应用在哪些领域？

2. 将下列二进制数转化为十进制。

(1)1101B。

(2)1100101011B。

3. 将下列十六进制数转换为二进制。

(1)15H。

(2)8EH。

(3)28H。

4. 单片机第31引脚有哪些功能？
5. 解释PSW寄存器中RS0和RS1两位的作用。

任务二　MCS－5单片机最小系统的应用
——单片机信号灯的控制

【任务目标】

通过完成单片机对信号灯的控制这一实验，学会分析单片机最小系统的电路结构及各部分的功能。初步学习汇编程序的编写方法，并理解MOV、LJMP、SETB、CLR等基本指令的应用。

【任务描述】

本任务要求用AT89C51芯片，控制一只LED灯的点亮及熄灭。设计单片机控制电路并编程实现此功能。

【任务分析】

本任务是单片机最小系统的应用，设计一个单片机的最小系统，利用P0.0引脚输出电位的变化，控制LED灯的点亮和熄灭。P0.0引脚输出的电位的变化可以通过指令来控制。

【任务实施】

设计一个完整的单片机控制系统，首先应考虑硬件电路的设计，其次对应硬件电路完成控制程序的编写，最后再进行联机调试。

一、硬件电路设计

1. 设计思路

用AT89C51单片机作为主控芯片，外加时钟电路、复位电路、控制电路、电源组成单片机的最小系统。

LED灯是发光二极管，当给LED加上正向电压时发光二极管导通LED灯点亮，给LED加反向电压时二极管截止LED熄灭。利用LED灯的工作特点，结合单片机P1口的P1.0引脚的输出信号的状态，可以实现LED灯点亮与熄灭的单片机控制。

2. 电路设计

单片机的最小系统是能使单片机工作的最基本的电路，其由电源电路、时钟电路、复位电路组成。

(1)电源电路。

由任务一可知，MCS－51系列单片机的电源引脚为V_{CC}(40号)接＋5 V电源的正极，V_{SS}(20 号)接电源的负极。

(2)时钟电路。

为了保证单片机内部各部件间同步协调工作，单片机需要在唯一的时钟信号下进行工作，MCS－51 系列单片机时钟信号的提供方式有两种：内部方式[图 1－2－1(a)]和外部方式[图 1－2－1(b)]。

内部方式是指使用内部振荡器，XTAL1 端(19 号)和 XTAL2 端(18 号)将晶振、电容 C_1 和 C_2 与内部的反相放大器连接起来组成并联谐振电路。振荡频率在 2～12 MHz 一般常用 6 MHz 或 12 MHz。C_1、C_2 对频率有微调作用，选用陶瓷电容，容量取 18～47 pF，典型值可取 30 pF.

外部方式是由外部振荡器产生振荡信号，经电平转换电路接至 XTAL2 端(18 号)作为单片机的时钟信号，XTAL1 端接低电平。

本任务采用 AT89C51 芯片，使用芯片内部振荡器，因此采用内部方式时钟电路。

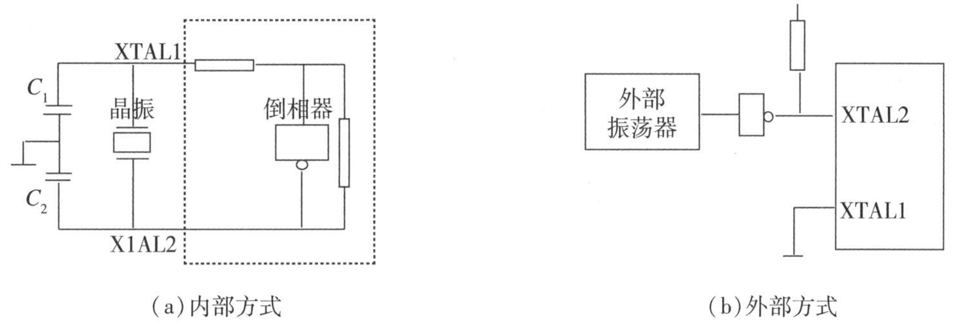

(a)内部方式　　(b)外部方式

图 1－2－1　MSC－51 系列单片机时钟电路

(3)复位电路。

复位电路是单片机的初始化操作，使 CPU 以及其他功能部件都处于一个确定的初始状态，并从这个初始状态开始工作。除系统正常的上电(开机)外，在单片机工作过程中，如果程序运行出错或操作错误使系统处于死机状态，也必须进行复位，使系统重新启动。

当单片机 RST 端(9 号)接收到两个机器周期以上的高电平即接受复位信号后(如若单片机的时钟频率为 12 MHz，则机器周期为 1 s，那么复位信号需要保证持续 2 s 以上的时间)，芯片回到初始状态，但不影响内部 RAM 中的内容。程序计数器 PC 的值回复到 0000H，各特殊功能寄存器回到初始状态。

常见的复位电路有上电自动复位和按键手动复位两种。上电自动复位电路如图 1－2－2(a)所示，电源接通瞬间，*RC* 电路充电，由于电容两端电压不能突变，所以 RST 端可以维持一段时间的高电平，时间大于两个机器周期将实现自动复位。按键复位电路如图 1－2－2(b)所示，在电容两端并联一个带有电阻和开关的支路。当开关断开时，与上电自动复位电路相同；当开关闭合时，电容通过并联的电阻迅速放电，然后，*RC* 电路充电，能够保证 RST 端维持一段时间的高电平。

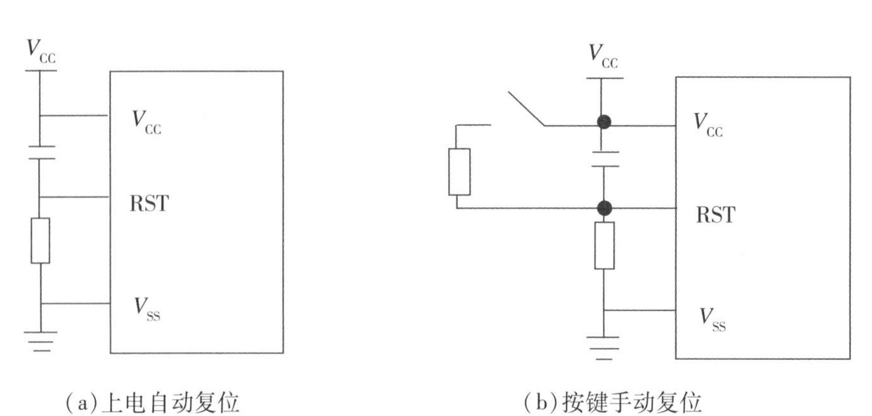

（a）上电自动复位　　（b）按键手动复位

图 1－2－2　MCS－51 系列单片机复位电路

在本任务中我们选择按键手动复位电路。

（4）LED 控制电路。

LED 发光二极管的阳极接到 +5 V 电源的正极，阴极通过一限流电阻接到单片机的 P0.0 引脚（数据的输入/输出口）。当 P0.0 引脚输出低电平时，LED 接正向电压导通二极管，LED 灯点亮；当 P0.0 引脚输出高电平时，LED 灯两端电压相等二极管截止，LED 熄灭。因此可以通过控制 P0.0 引脚的输出信号来控制 LED 灯的点亮和熄灭。

根据以上分析，设计出图 1－2－3 所示的电路原理图。

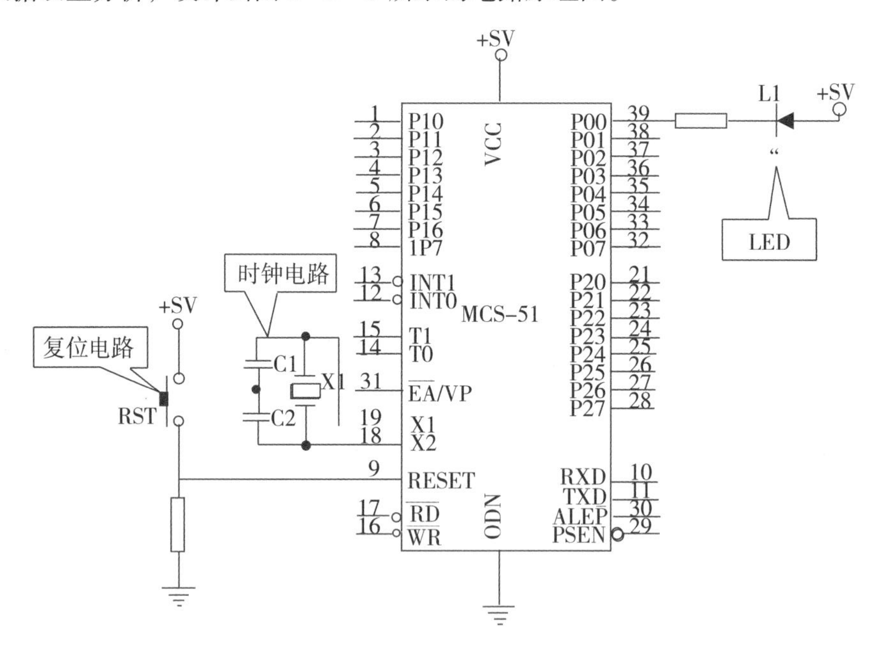

图 1－2－3　单片机控制 LED 灯电路原理图

二、软件程序设计

1. 绘制程序流程图

本控制使用简单程序设计中的顺序结构形式实现，程序结构流程图如图 1－2－4 所示。

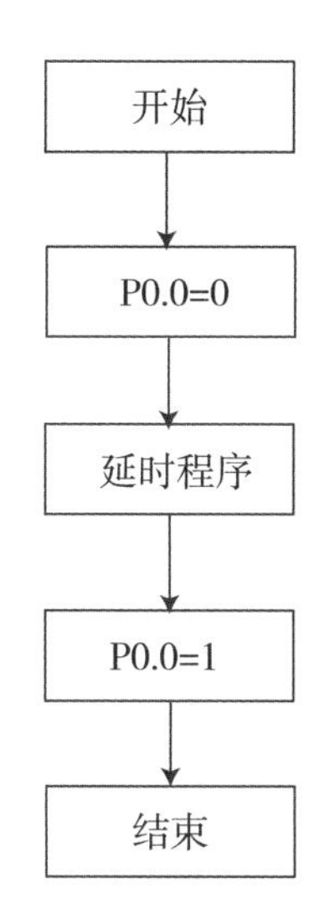

图 1－2－4　LED 控制程序结构流程图

2. 汇编源程序的设计

(1)参考程序。

```
ORG0000H
START:
CLR P0.0               ; P1.0 输出低电平，使 LED 灯点亮
LCALL DELAY            ; 调用延时子程序
SETB P0.0              ; P1.0 输出高电平，使 LED 灯熄灭
DELAY:                 ; 延时子程序
MOV R5, #20            ; 将 20 送 R5 寄存器
LOO P1:
MOV R6, #20            ; 将 20 送 R6 寄存器
LOO P2:
MOV R7, #230           ; 将 230 送 R7 寄存器
DJNZ R7, $             ; 循环执行本指令，每次 R7 减 1
DJNZ R6, LOOP2         ; R6－1，如果 R6 不等于 0，则转至 LOOP2
DJNZ R5, LOOP1         ; R5－1，如果 R5 不等于 0，则转至 LOOP1
RET
END
```

(2)程序执行过程。

单片机上电复位后，程序都将回到初始位置 0000H 单元 START 开始执行，程序执行完“CLR P0.0”后，单片机 P0.0 引脚输出置“0”，即输出低电位。此时由于 LED 灯阴极通过限流电阻与单片机引脚 P0.0 连接，所以发光二极管导通，LED 灯点亮。为了能清楚地分辨 LED 灯的点亮、熄灭情况，执行“LCALLDELAY”，调用延时子程序，维持 LED 点亮的状态。执行完此条指令后，程序将转到延时子程序处，即 DELAY 处开始

执行。

“DELAY”程序段是延时程序，以控制 LED 灯点亮的时间。指令“MOVR7，#230”给工作寄存器 R7 赋值，与“DJNZR7， $ ”配合，可以控制指令执行的次数以控制延时时间。接下来的“MOVR6，#20”与“DINZR6，LOOP2”、“MOVR5，#20”与“DJNZR5，LOOP1”作用相同。

注意：延时时间的算法将在项目二中介绍。

三、程序的在线仿真与调试

1. 根据所设计的原理图将实验板上的相应模块进行连接

使用单片机最小应用系统模块(图 1 -25)，关闭该模块电源，用扁平数据线将单片机 P1 口与 8 位逻辑电平显示模块(图 1 -2 -6)相连。

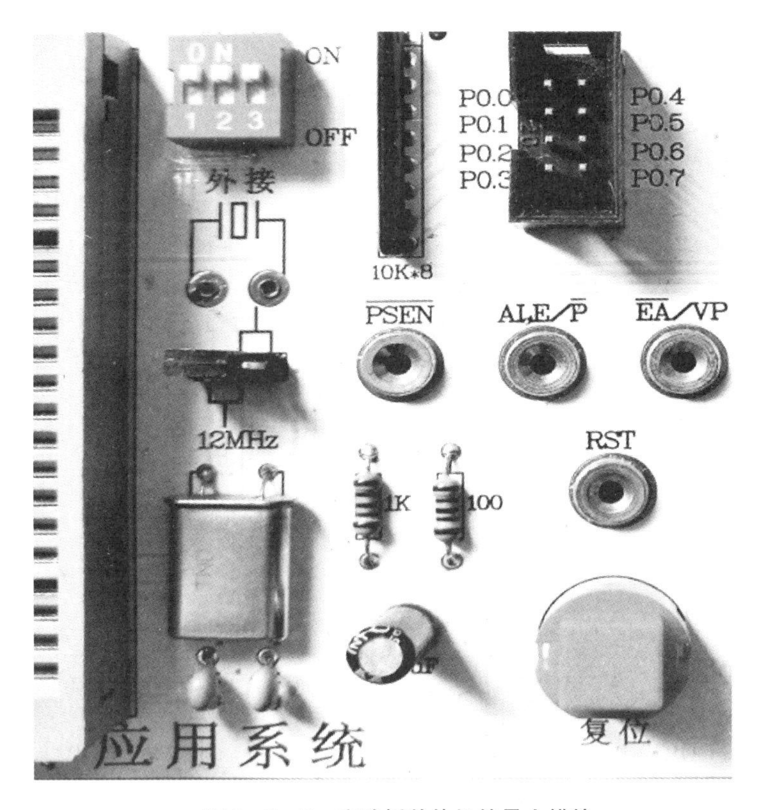

图 1 -2 -5　实验板单片机的最小模块

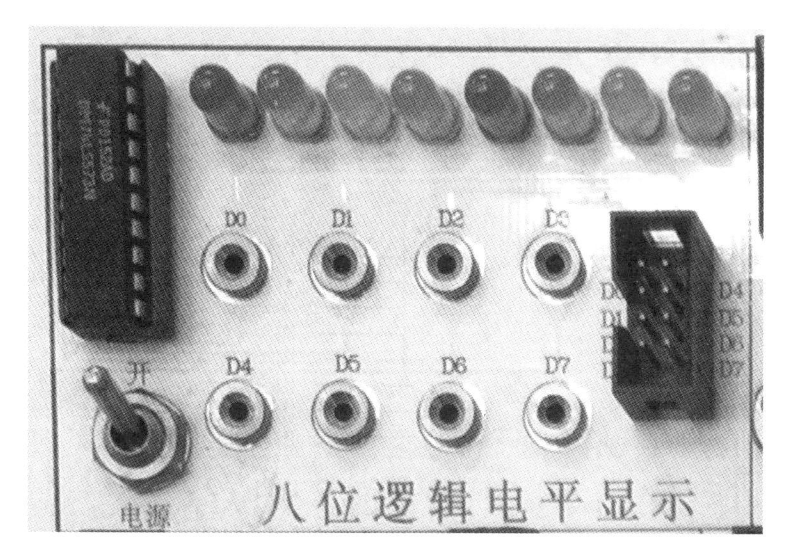

图1-2-6　8位逻辑电平显示模块

2. 用串行数据通信线连接单片机与仿真器

把仿真器插到模块的锁紧插座中，请注意仿真器的方向：缺口朝上。

3. 启动单片机，打开 Keil uVision4 仿真软件(Keil 软件的使用见附录二)

(1)首先建立本实验的项目文件，选择“Project”>“New Project”菜单，在弹出的窗口保存工程文件，填写文件名。

(2)进行仿真器的设置，设置为软件仿真状态。

(3)在弹出 CPU 选择对话框中选择 ATMEL 的 89C51 系列芯片，然后单击确定。

(4)单击文件工具栏中，在编辑区域编辑汇编源程序，完成后点击保存并将源程序以“. asm”形式保存。

(5)在工程窗口“Source Group 1”中单击鼠标右键，在弹出的快捷菜单中把汇编源文件加入其中。

(6)单击，在弹出的窗口中单击“Debug”(如)，再单击“Settings”，在弹出的窗口选择对应的 COM 口和波特率(如)。

(7)单击编译工具栏中(从左往右)对汇编源文件进行编译。

(8)打开模块电源和总电源，单击按钮，运行源程序，在弹出的界面单击 RUN 运行，下载源程序观察发光二极管的显示情况。发现发光二极管点亮一会后熄灭。按下复位按键后，可重新观察现象。

【巩固练习】

1. 下图为单片机最小系统图，说明图中未画出的系统，并在下图中画出。

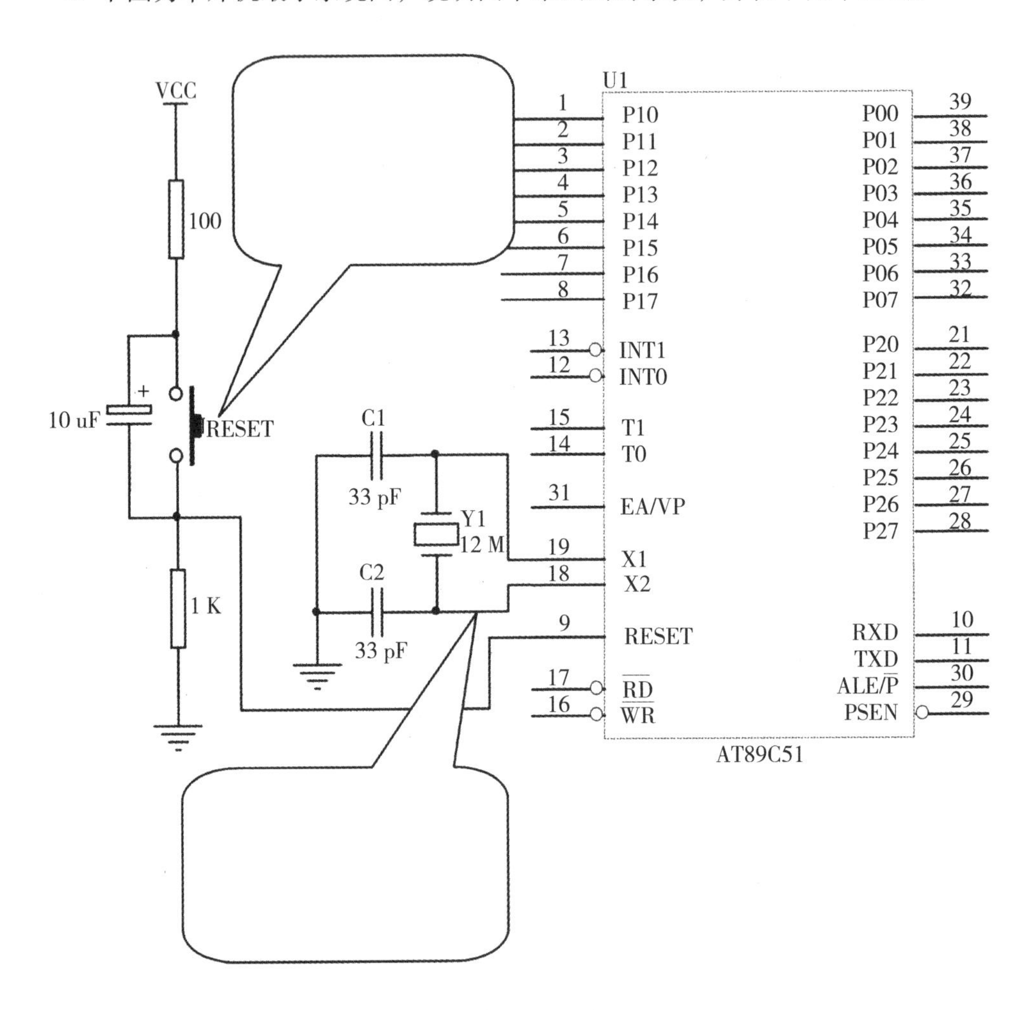

2. 对上图中的各系统进行标注，并做好相关笔记。

3. 根据原理图在图 1 -2 -7 所示的实验板上找出各系统位置(把除电源系统外的系统在图中圈出，并在方框中做好笔记)。

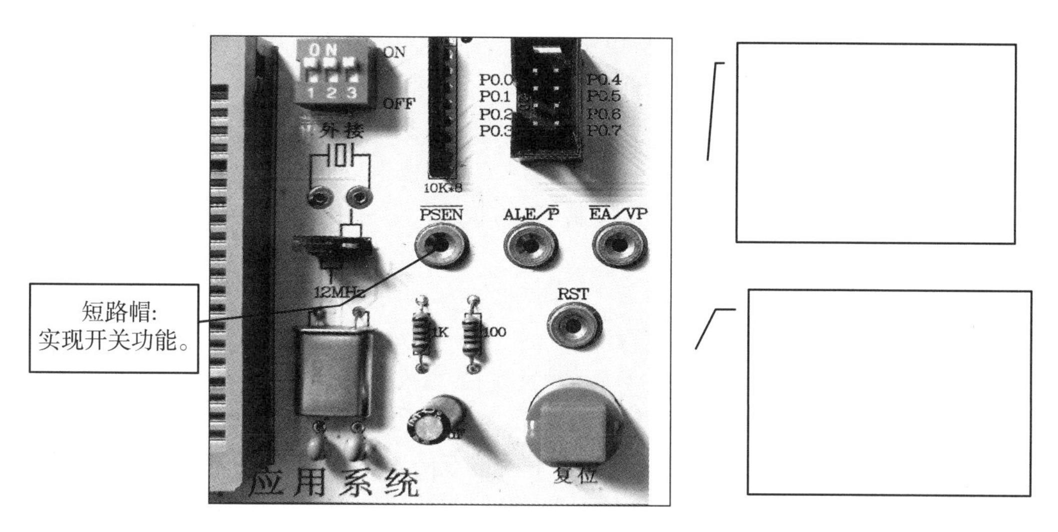

图 1-2-7　单片机最小系统模块

【知识点链接】

一、输入/输出端口

MCS-51 单片机有 32 条 I/O 线，分属于 4 个(P0、P1、P2、P3)8 位 I/O 双向并行接口，每个接口均由锁存器、输出驱动电路和输入缓冲器组成。

1. P0 口

P0 口有 8 位，每 1 位由一个锁存器、两个三态输入缓冲器、控制电路和驱动电路组成，如图 1-2-8 所示。

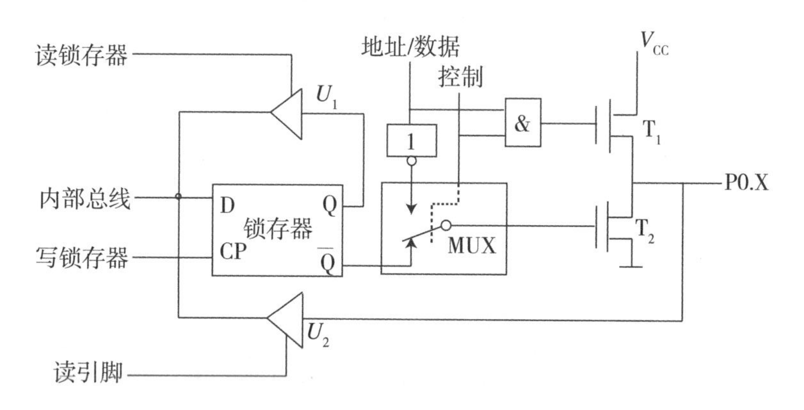

图 1-2-8　P0 口位结构图

1) P0 口作通用 I/O 口

P0 口既可作输入口，也可作输出口，每 1 位都可以作，其工作原理如下：

(1) P0 口作输入口。

在地址/数据和控制信号的作用下，使 MUX 接 $\overline{Q}$ 端。

为保证数据正确输入，必须使 T2 管处于截止状态，因此应先对锁存器写“1”，然后再写入数据。

外部信号通过 P0. X 进入 2 号三态缓冲器，三态缓冲器打开，数据输入到内部总线。

锁存器一方面通过 $\overline{Q}$ 端到 MUX 控制 T2 的状态，另一方面通过 1 号三态缓冲器维持输入的状态。

(2) P0 口作输出口。

①在地址/数据和控制信号的作用下，使 MUX 接$\overline{Q}$端。

②内部数据通过内部总线并在写脉冲的控制下写入锁存器。

③内部信号通过$\overline{Q}$端到 MUX 控制 T2 的状态，使 T2 的输出保持与内部数据的同相。

※P0 口的 I/O 是分时使用的，所以称它为准双向口。

2) 作分时复用的地址/数据总线(第二功能)

MCS－51 单片机没有单独的地址/数据总线。当接 RAM 时，它的 16 位地址和 8 位数据分别由 P0 口和 P2 口共同完成。P2 口负责传送高 8 位地址，P0 口负责传送低 8 位地址和 8 位双向数据。这就是所谓的分时复用技术，其工作原理如下：

(1) 从 P0 口输出地址或数据。

①在地址/数据(假如为“1”)和控制信号的作用下，使 MUX 接上面的触点，此时 T1 导通，T2 截止，输出为“1”，完成了地址/数据信号的正确传送。

②在地址/数据(假如为“0”)和控制信号的作用下，使 MUX 接上面的触点，此时 T1 截止，T2 导通，输出为“0”，完成了地址/数据信号的正确传送。

(2) 从 P0 口输入数据。

输入数据直接通过 2 号三态缓冲器进入内部总线，无需先对锁存器写“1”，此工作由 CPU 自动完成，是一个真正的双向端口。

2. P1 口

P1 口是一个专用的准双向 I/O 口，每 1 位都由一个锁存器、两个三态输入缓冲器和驱动电路组成，如图 1－2－9 所示。

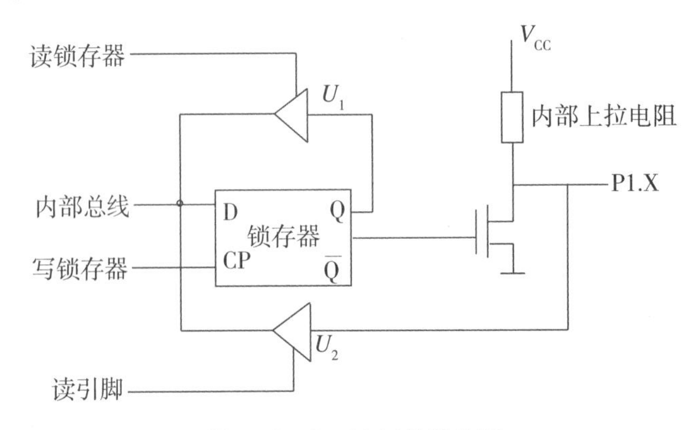

图 1－2－9　P1 口位结构图

它与 P0 口有两点不同：

(1)没有电子开关 MUX，所以工作时必须先对该位的锁存器写“1”，然后再输入数据。

(2)在驱动电路部分，用内部的上拉电阻取代了场效应管。

需要说明的是，作为输入口使用时，有两种情况：

(1)首先是读锁存器的内容，进行处理后再写到锁存器中，这种操作即：读—修改—写操作，例如，JBC(位逻辑判断)、CPL(取反)、INC(递增)、DEC(递减)、ANL(逻辑与)和 ORL(逻辑或)指令均属于这类操作。

(2)读 P1 口状态时，打开三态门，将外部状态读入 CPU。

※其工作原理与 P0 口相同，只是不能复用(无第二功能)，是一个准双向口。

3. P2 口

P2 口是一个 8 位的准双向口，每 1 位由一个锁存器、两个三态输入缓冲器、控制电路和驱动电路组成，如图 1－2－10 所示。

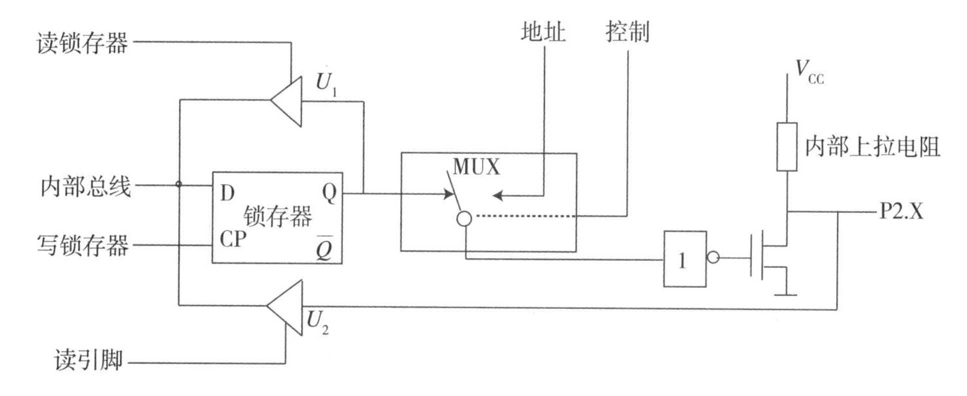

图 1－2－10　P2 口位结构图

(1)作通用 I/O 口，与 P0 口的功能类似。

(2)可以作扩展系统的高 8 位地址总线，然后与 P0 口传送的低 8 位地址一起组成 16 位地址总线(第二功能)。

4. P3 口

P3 口也是一个 8 位准双向口，每 1 位都由一个锁存器、两个三态输入缓冲器和驱动电路组成，如图 1－2－11 所示。

(1)P3 口作一般输出口使用时与 P1 口的功能类同，均可以作为通用的 I/O 口使用。

(2)P3 口的第二功能。

当 P3 工作在第二功能时，锁存器的 Q 端要保持高电平，以维持第二功能，与非门的另一端输出的数据畅通。P3 口工作在第二功能时，它的每 1 位都具有不同的功能，如表 1－2－1 所示。

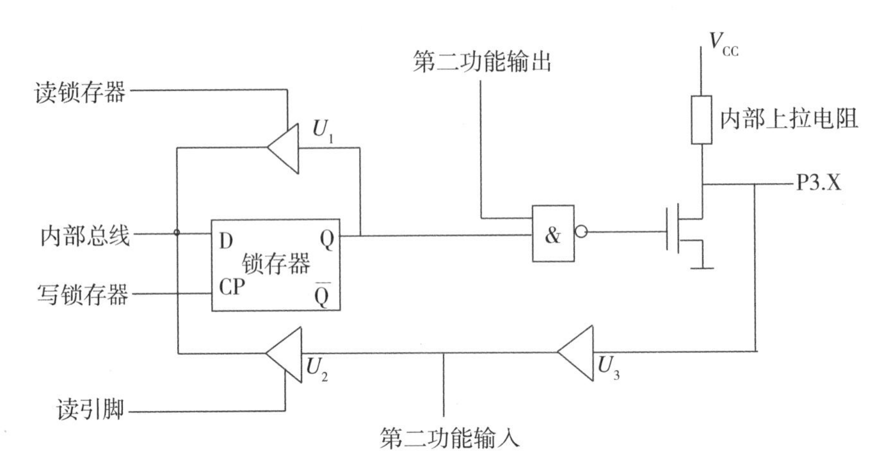

图 1-2-11 P3 口位结构图

表 1-2-1 P3 口第二功能对照表

口 线	第二功能名称	功能描述
P3.0	RXD	串行口输入端
P3.1	TXD	串行口输出端
P3.2	INT0	外部中断 0 输入端
P3.3	INT1	外部中断 1 输入端
P3.4	T0	定时/计数器 0 外部输入端
P3.5	T1	定时/计数器 1 外部输入端
P3.6	WR	片外数据存储器写选通
P3.7	RD	片外数据存储器读选通

注意：第二功能输出端，与非门的输入端，要保持高电平，以维持锁存器到输出端的数据畅通。

5. P0 ~ P3 口在使用中的特点

(1) P0 口的输出级的每一位可驱动 8 个 TTL 门，但它驱动 NMOS 门时需外加上拉电阻，而作地址/数据总线，复用时无须外接上拉电阻。

(2) P1 ~ P3 口输出级的每一位可驱动 4 个 TTL 门，无须外接上拉电阻。

(3) P0 ~ P3 口若是由 CMOS 电路组成，当它驱动普通晶体管的基极时，应在端口和晶体管之间串入一个电阻，以限制高电平的输出电流。

(4) P0 口一般可用作 8 位数据总线的输入/输出。

(5) P0 口在第二功能时与 P2 口构成 16 位地址总线中的低 8 位。

(6) P1 口通常用于数据的输入/输出，无第二功能。

(7) P2 口一般可用作 8 位数据总线的输入/输出。

(8) P2 口在第二功能时与 P0 口构成 16 位地址总线中的高 8 位。

(9) P3 口可以用作 8 位的数据总线的输入/输出。

(10)P3 口通常用于第二功能的输入/输出。

二、单片机的时序

单片机本身就是一个复杂的同步时序电路，为了确保同步工作方式的执行，电路应在唯一的时钟信号的控制下严格地按时序进行工作。

CPU 在执行指令时，各控制信号在时间顺序上的关系称时序。CPU 发出的时序信号有两类：

(1)一类是用于片内各功能部件的控制，基本与用户无关。

(2)另一类用于片外存储器，或 I/O 端口的控制，非常重要。

1. 基本概念

(1)振荡周期。

晶体振荡器直接产生的振荡信号的周期。

(2)时钟周期(状态周期 S)。

一个时钟周期等于两个振荡周期，换句话说就是对振荡频率进行 2 分频的振荡信号。一个时钟周期 S 分为 P1 和 P2 两个节拍。

①P1 节拍完成算术逻辑运算。

②P2 节拍完成内部寄存器间数据的传送。

(3)机器周期。

完成一个基本操作所需的时间称为机器周期。一个机器周期由 6 个时钟周期(分别用 S1 ~S6 来表示)即 12 个振荡周期(分别用 S1P1、S1P2、S2P1、S2P2、S3P1……S6P2 等)组成。

(4)指令周期。

执行一条指令所需的全部时间称为指令周期。MCS－51 单片机的指令周期一般需要 1 ~4 个机器周期。

[**例**]已知晶振频率分别为 6 MHz、12 MHz，试计算出它们的机器周期和指令周期。

解：①当晶振频率为 6 MHz 时

振荡周期 = 1/振荡频率 = 1/6(μs)

时钟周期 = 2 × 振荡周期 = 2/6(μs)

机器周期 = 6 × 时钟周期 = 2(μs)

指令周期 = 1 ~4 × 机器周期 = 2 ~8(μs)

②当晶振频率为 12 MHz 时

振荡周期 = 1/振荡频率 = 1/12(μs)

时钟周期 = 2 × 振荡周期 = 2/12(μs)

机器周期 = 6 × 时钟周期 = 1(μs)

指令周期 = 1 ~4 × 机器周期 = 1 ~4(μs)

※由此可见，单片机在晶振频率为 12 MHz 时，执行一条指令最多需要 1 ~4 μs。

2. 几种典型的 MCS－51 单片机取指/执行时序

单片机的每条指令的执行过程都包括两个阶段，即取指阶段和执行阶段。

(1)指令存放在内部 ROM 区域，指令本身是访问内部 RAM 的时序。

地址锁存信号 ALE，单片机的输出信号在每一个机器周期内有效两次，即 S1P2 ~ S2P1、S4P2 ~ S5P1，有效宽度为一个 *S* 状态周期(图 1 - 2 - 12 中第四行波形)，ALE 信号每有效一次，单片机就进行一次读指令的操作(图 1 - 2 - 12 中第 2 行波形)。

单字节单机器周期指令如∏INC A!，这是一条累加器 A 加 1 指令，属于单字节指令，所以只进行一次取指操作，其完整过程是：当 ALE 第一次有效(即 S1)时，从 ROM 中读出上条指令并送至指令寄存器 IR 中开始执行，在执行过程中 CPU 一方面在第二次 ALE 时有效，即 S4 时封锁 PC 加 1，使第二次读操作成为假读，另一方面完成指令的执行(图中第 3 行波形)。

双字节单机器周期指令如 ADDA #data7，这是一条将累加器 A 中的内容与 data 数据相加的加法指令，属于双字节指令，其对应 ALE 的两次取指操作都是有效的。其完整过程是：第一次读指令的操作码，经译码器译码后得知是双字节指令，CPU 一方面使 PC +1 继续第二次读指令的操作数，另一方面等两个字节全部读出后，便完成了指令的执行。

单字节双机器周期指令如 INC DPTR，这是一条数据指针 DPTR 加 1 指令，属于单字节指令，但用了两个机器周期，共进行了 4 次读指令操作。其完整过程是：

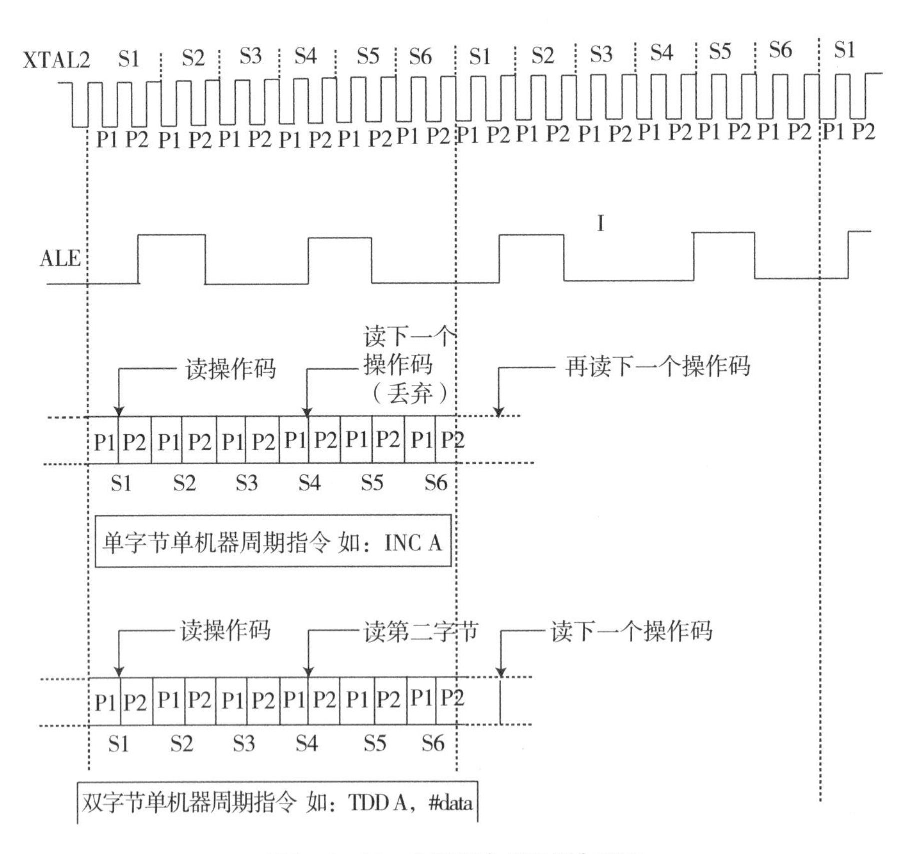

图 1 - 2 - 12　典型指令的取指令时序

当第一次读指令的操作码后，经译码器译码得知是单字节双机器周期指令，CPU

一方面自动封锁后面的读操作，PC 不加 1，使后面 3 次读操作全成为假读，另一方面在第 2 个机器周期结束时完成指令的执行。

(2)指令存放在内部 ROM 区域，指令本身是访问外部 RAM 的时序。

如 MOVX A @ DPTR，这是一条单字节的数据传送指令，只要访问外部 RAM 的指令都是双机器周期指令，它与前述的单字节双机器周期指令不同。其完整的过程如下：

①在第一个机器周期中第一次 ALE 有效时(即 S1)读操作码，在第二次 ALE 有效(即 S4)时封锁 PC 加 1，使第二次读操作成为假读，在 S5 的状态开始时送出外部 RAM 单元的地址进行数据的读写。

②在第二个机器周期中，因 CPU 在读/写数据，所以 ALE 信号全部丢失，在 S1、S4 时不产生取指操作，在 S6P2 时完成指令的全部执行(图 1-2-12 中第 6 行波形)。

三、单片机的工作方式

MCS-51 有三种工作方式，即复位、程序执行、节电工作方式。

1. 复位方式

系统开始运行和重新启动靠复位电路来实现，这种工作方式为复位方式。单片机复位后的工作状态如下：

当单片机 RST 输入了复位信号后，芯片回到初始状态，但不影响内部 RAM 中的内容。程序计数器 PC 的值回复到 0000H，复位后各特殊功能寄存器的初始状态如表 1-2-2 所示。

表 1-2-2　特殊功能寄存器的初始状态表

SFR 名	初始态值	SFR 名	初始态值
PC	0000II	TMOD	00II
ACC	00H	TCON	00H
B	00H	TL0	00H
PSW	00H	TH0	00H
SP	07H	TL1	00H
DPTR	0000II	TII1	00II
P0 ~ P3	FFH	SCON	00H
IP	XXX00000B	SBUF	XXXXXXXXB
IE	0XX00000B	PCON	0XXX00000B

2. 程序执行方式

程序执行方式是单片机的基本工作方式，它又分为连续执行工作方式和单步执行工作方式。

(1)连续执行工作方式。

①单片机按照程序事先编排好的任务，自动连续地执行下去。

②程序走向受程序计数器 PC 控制，若 PC = 0000H，则单片机从 0000H 开始执行，然后 PC + 1(自动)再执行下一条指令。

③如果在 PC = 0003H 地址所指示的单元中，放入一条无条件转移指令，则程序就跳转到相应的入口处地址，然后再按 PC + 1(自动)规定方式，逐步执行。

(2)单步执行工作方式。

这是用户调试程序的一种工作方式，在单片机开发系统中有一个专门的单步按键。按一次，单片机就执行一条指令(仅执行一条)，这样就可以逐条检查程序，发现问题，进行修改。

(3)节电工作方式。

节电工作方式是针对 CHMOS 类芯片而设计的，它是一种低功耗的工作方式。而由于 HMOS 本身功耗大，不能以节电方式工作，但它有一种掉电保护功能。

(4)HMOS 单片机的掉电保护。

①保护功能：当 V_{CC}突然掉电时，备用电源 V_{PD}可以维持内部 RAM 中的数据不丢失。

②保护过程：V_{CC}掉电或低于下限值→$\overline{INT0}$或$\overline{INT1}$发出中断请求→CPU 响应→将必需保护的程序送入内部 RAM→V_{CC}继续下降/V_{PD}继续增加→当 $V_{PD} > V_{CC}$时由 V_{PD}供电。

③恢复过程：V_{CC}来电 →V_{PD}继续供电 →单片机复位→V_{PD}撤出/V_{CC}供电。

3. 单片机的节电方式

单片机的节电方式有待机方式和掉电保护方式两种，它们都由电源控制寄存器 PCON 中相应的位来控制。

(1)电源控制寄存器 PCON。

表 1-2-3　地址 87H

D7	D6	D5	D4	D3	D2	D1	D0
SMOD	—	—	—	GF1	GF0	PD	IDL

①IDL 待机方式控制位：为“1”时，单片机进入待机工作方式。

②PD 掉电方式控制位：为“1”时，单片机进入掉电工作方式。与 IDL 同时为“1”，则进入掉电工作方式，与 IDL 同时为“0”，则在正常运行状态工作。

③GF0、GF1 通用标志位：描述中断是来自正常运行还是来自待机方式，用户可通过指令设定它们的状态。

④SMOD 波特率倍增位：用于串行通信。

(2)待机工作方式。

将 IDL 置“1”(用指令)，则$\overline{IDL} = 0$。

①封锁了进入 CPU 的时钟，CPU 进入待机状态，功耗很小。

②中断系统、串行口、定时/计数器，仍有时钟信号，继续工作。

③因为 CPU 的时钟被封住，换句话说就是原地踏步，所以与之相关的寄存器也处

于“冻结”状态（ALE、$\overline{PSEN}$均为高电平）。

④退出待机状态有两种工作方式：

（a）中断退出：由于中断系统仍在工作，所以当中断请求有效时，IDL 自动清零，机器执行中断服务程序，完毕后返回待机。

（b）硬件复位退出：按复位键，迫使 IDL 清零。

（3）掉电工作方式。

将 PD 置“1”，可使单片机进入掉电工作方式。此时只有片内的 RAM 和 SFR 中的数据保持不变，而包括中断系统在内的全部电路都处于停止工作状态。使用掉电工作方式时，需关闭所有外部设备，以保持整个系统的低功耗。要想退出掉电工作方式，只能采用硬件复位，不能使用中断唤醒的方法。

【学习检测】

1. 单片机的工作方式有哪些？
2. 已知晶振频率为 12 MHz，试计算出它的机器周期和指令周期。
3. 内部方式时钟电路和外部方式时钟电路 XTAL1、XTAL2 分别接什么？
4. 单片机复位有哪些方法？复位后，PC 和 SP 的值是多少？
5. MCS－51 系列单片机中有 4 组 8 位并行口和一个串行口，串行口是如何形成的？实际应用中 16 位地址线是如何形成的？
6. 在以下方框中画出最小系统图。

项目二　单片机程序设计

【引　入】

Intel 公司于 1980 年推出的 MCS－51 系列单片机，以其典型的结构、众多的逻辑位操作功能及丰富的指令系统，为后续单片机的发展奠定了基础，堪称一代“名机”。本项目将以此为例来学习单片机的基本程序设计。

【技能要求】

1. 了解单片机读写存储器的方法
2. 了解单片机编程、调试方法
3. 熟练使用五大指令系统
4. 读懂流程图并会绘制流程图，能独立完成实验

任务一　程序存储器块清零

【任务目标】

1. 掌握存储器的读写方法
2. 了解存储器的块操作方法
3. 掌握基本的指令

【任务描述】

本任务指定某块存储器的起始地址和长度，要求能将其内容清零。通过该实验，学生可以了解单片机读写存储器的方法，同时也可以了解单片机编程、调试方法。

【任务分析】

本任务是掌握单片机存储器存取方法的应用，学习利用程序的循环结构，在要求指定某块存储器的起始地址和长度下，编写程序并执行将其内容清零。

【任务实施】

一、软件程序设计

1. 绘制程序流程图

图 2－1－1 所示为程序存储器块清零流程图。

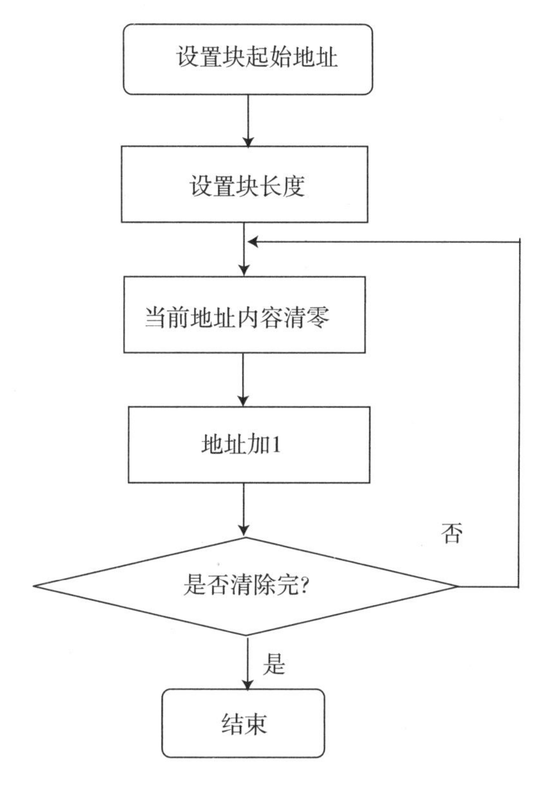

图 2－1－1　程序存储器块清零

2. 汇编源程序设计

参考程序如下：

```
ORG 0000H
BLOCK EQU 8000H；起始地址
MOV DPTR，#BLOCK
MOV R0，#256；设置 256 字节计数值
CLR A
LOOP：
MOVX @DPTR，A
INC DPTR；指向下一个地址
DJNZ R0，LOOP；计数值减 1
LJMP $
```

END

二、程序的在线仿真与调试

(1)用串行数据通信线连接单片机实训模块与仿真器。

把仿真器插到模块的锁紧插座中，请注意仿真器的方向：缺口朝上。

(2)启动单片机，打开 Keil uVision4 仿真软件。

(3)首先建立本实验的项目文件，选择“Project” > “New Project”菜单，在弹出的窗口保存工程文件，填写文件名。然后进行仿真器的设置，设置为软件仿真状态。

(4)在弹出 CPU 选择对话框中选择的 Atmel 单击系列芯片中的 AT89C51，然后单击确定。

(5)单击文件工具栏中 ，在编辑区域编辑汇编源程序，完成后点击保存并将源程序以“. asm”形式保存。

(6)在工程窗口“Source Group 1”中单击鼠标右键，在弹出的快捷菜单中把汇编源文件加入其中。

(7)单击  ，在弹出的窗口中单击“Debug”(如 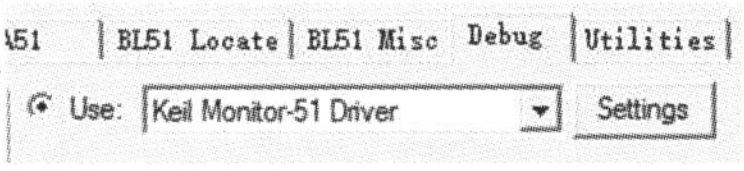)，再单击“Settings”，在弹出的窗口选择对应的 COM 口和波特率(如 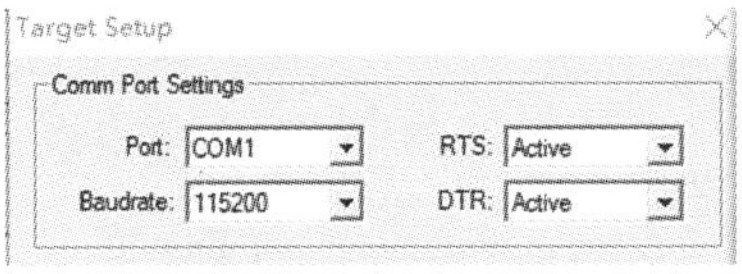)。

(8)单击编译工具栏中  (从左往右)，对汇编源文件进行编译。

(9)单击  按钮，应行源程序后，在弹出的界面单击 RUN 运行  ，下载源程序。

(10)打开“Memory Window”数据窗口，在“Address:”后面输入“X：8000H”后按回车键，使地址 8000H 出现在窗口上。观察 8000H 起始的 256 个字节单元的内容，若全为 0，则点击各单元，用键盘输入不为 0 的值。执行程序，点击运行按钮，再点击停止按钮，观察存储块数据的变化情况，可以看到 256 个字节全部清零。点击复位按钮，再次运行程序。

(11)以单步运行方式运行程序，观察 CPU 窗口各寄存器的变化，可以看到程序执行的过程，加深对实验的了解。

【巩固练习】

将存储器块的内容设置成固定值(如全填充为 0FFH)，修改程序，并完成操作。

【知识点链接】

一、MCS－51 系列单片机存储器的介绍

MCS－51 系列单片机在物理结构上有 4 个存储空间，即片内、片外程序存储器和片内、片外数据存储器。程序存储器和数据存储器分开编址，具有各自独立的寻址空间和寻址方式。

1. 程序存储器

程序存储器由片内程序存储器和片外程序存储器两部分构成，用来存放程序及常数。

片内和片外程序存储器采用 16 位统一编址方式，地址为 0000H～FFFFH。端口 P0 和 P2 分别提供地址的低 8 位和高 8 位。程序存储器结构如图 2－1－2 所示。

CPU 是访问片内存储器还是片外存储器是由 EA 引脚的电平决定的。当该引脚为高电平(即 EA＝1)时，表示单片机复位，CPU 从片内存储器的 0000H 单元开始读取指令。若指令地址超过 0FFFH(4 kB)，CPU 将自动转向片外程序存储器读取指令。当该引脚为低电平(即 EA＝0)时，CPU 只能从片外存储器读取指令。有些单片机片内没有程序存储器(如 8031)，在使用时 EA 引脚必须接地。

在 8051 片内存储器中，有 6 个特殊的地址单元。0000H～FFFFH 单元是执行所有程序的入口地址。通常情况下，该单元存放的是一条无条件转移指令。因为当单片机复位后，CPU 总是从此单元开始执行程序。存放在此单元中的跳转指令将引导 CPU 进入真正的程序入口地址继续读取指令。0003H、000BH、0013H、001BH、0023H 分别是 5 个中断源的中断服务子程序的入口地址。因此，用户程序的存放位置应选在 002EH 之后会比较安全。

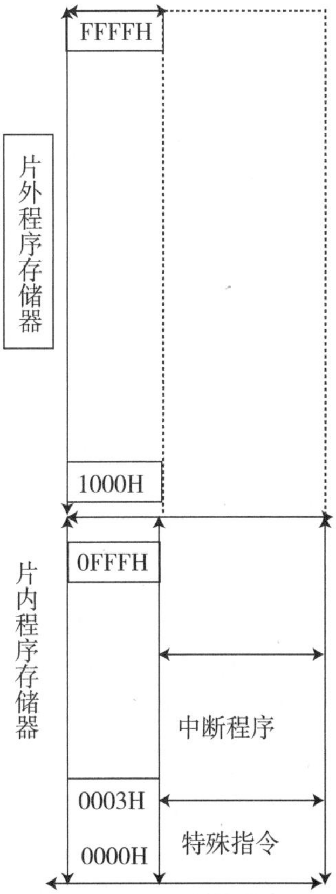

图 2－1－2　程序存储器

2. 数据存储器

数据存储器由片内数据存储器和片外数据存储器两部分构成，用来存放运算的中间结果，片内数据存储器与片外数据存储器采用分开编址方式。片内数据存储器采用 8 位地址，256 个片外数据存储器采用 16 位地址，共 64 kB。数据存储器结构如图 2－1－3 所示。

(1)片内数据存储器。

片内数据存储器共 256 字节，内部数据存储器的结构图如图 2－1－4 所示。00H～1FH 单元分别对应 4 个工作寄存器组。当前工作寄存器的设定由 PSW 中的 RS1 和 RS0 决定(参见项目一中)。20H～2FH 这 16 个字节(128 位)作为 8051 的位寻址区。CPU 通过指令对其中的某一位进行操作，在逻辑运算、实时处理、开关控制等方面有重要作用。若无位寻址需求时，仍可作为普通 RAM 使用。

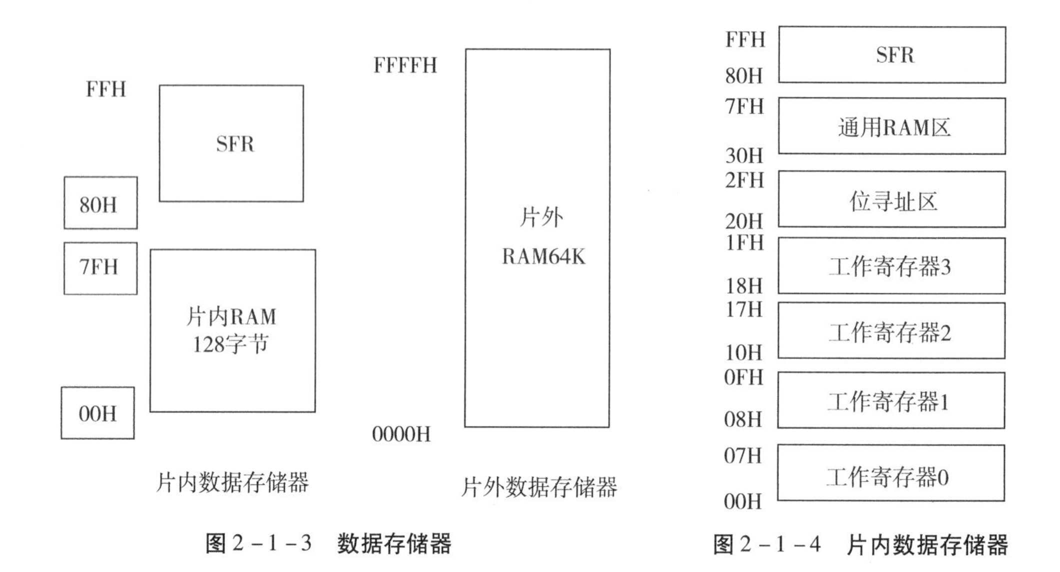

图 2－1－3　数据存储器　　**图 2－1－4　片内数据存储器**

(2)特殊功能寄存器。

MCS－51 系列单片机有 21 个特殊功能寄存器，它们都有自己的固定地址，离散地分布在片内地址 80H～FFH 的 RAM 空间中。CPU 可以直接使用寄存器的名字或者通过直接寻址方式对其进行访问。其中有 11 个寄存器可以通过位寻址的方式进行访问。

(3)片外数据存储器。

片外数据存储器的地址为 0000H～FFFFH，共 64 kB。在实际应用中，用户可以根据具体需求进行适量的扩展，如 2 kB、4 kB、8 kB 等。

二、汇编语言基础

在学习指令的过程中，我们已经接触了一些汇编语言程序片段。要编写一个完整的汇编语言程序，除了要熟悉单片机的指令以外，我们还需要了解汇编语言本身的格式要求和程序设计方法。

汇编语言是机器语言的符号化表示，用汇编语言编写的程序称为汇编语言程序。汇编语言是单片机应用系统开发中最常用的程序设计语言，用它编写的程序结构简单，执行速度快，编译后占用的存储空间小。

1. 汇编语言格式

一条汇编语言语句由标号、操作码、操作数和注释四部分组成，格式如下：

[标号:] 操作码 [操作数] [；注释]

注：格式中[ ]表示方括号中的内容是可选项，若不需要，可以不包括此项。另外，方括号本身并不在程序中出现。

1)标号

标号是一种符号地址，表示所在指令行的地址，是可选项。它常用在转移指令中表示所要转移的位置，如项目二程序段中常出现的 LOOP1。

标号是由数字和字母组成的标识符。另外，下划线符号“_”也允许出现在标号中。另外，标号中的第一个字符只能是字母，不能是数字。标号最后跟冒号，两者之间不能有空格。

以下是一些正确的标号：

LOOP1、LOOP_ 1、A6、SUM

以下是一些错误的标号：

2000、2B、A + B、DPTR、DW

2）操作码

操作码表示指令中的助记符，是不可缺少的必选项。一般情况下都采用大写表示，便于阅读。例如，MOV、ADD、JMP 等。

3）操作数

操作数是可选项，在指令中，操作数可以没有，也可以有一个、两个或者三个不同寻址方式，操作数的写法也有所不同。这里主要介绍没有固定格式的立即寻址方式和直接寻址方式中操作数的写法。

（1）立即寻址方式。

在立即寻址方式中，操作数采用#data 格式，具体有以下几种表示方法：

①若 data 是一个二进制数，则操作数末尾应以“B”作为结束。例如，#00101000B。

②若 data 是一个十进制数，则操作数末尾应以“D”作为结束。例如，#20D。如果程序中出现的立即数结尾不带字母标号（如#20），当作十进制数处理。

③若 data 是个十六进制数，则操作数末尾应以“H”作为结束。需要注意的是，如果十六进制数的最高位是 A ~ F 中的某一位，还需要在其前面加一个数字“0”，以便于程序编译，例如，#0F8H。

（2）直接寻址方式。

在直接寻址方式中，操作数采用“direct”格式，具体有以下几种表示方法：

①如果 direct 是二进制数、十进制数或者十六进制数，那么其表示方法和立即寻址方式相同，只是数值前没有“#”符号。

②direct 可以是 SFR 的名称。例如，MOVA、DPH。

③direct 可以是程序中某处已经定义过的标号地址。例如，MOVA、LOOP1。

④对于采用直接寻址方式的偏移量 rel，可以使用符号“ $ ”。“ $ ”表示当前程序计数器的值。例如，指令 JMP $ 表示程序一直在此循环。

⑤direct 可以是带有加减符号的表达式。例如，若 LOOP1 是已经定义过的标号，则 LOOP1 + 1、LOOP - 1 可以作为直接地址来使用。但是，并不是所有版本的汇编程序都支持这种表达式。

4）注释

注释是对程序的解释和说明，用来提高程序本身的可读性。注释前必须加分号“;”，如果注释内容一行写不完，换行时也必须用分号开头。

对于注释，单片机在汇编时不予处理，因此，注释部分可以用中文书写。但是，除注释外的所有字符，都是要使用英文的。我们在编写程序时，要养成写注释的良好习惯，有助于对程序的理解与使用。

2. 伪指令

伪指令是指示和控制汇编过程的一些命令。例如，用来表示程序或数据的起始位置等。它是针对汇编程序的，并不是针对 CPU，因此，在汇编过程不产生可执行的目标代码。

不同版本的汇编语言，伪指令的符号和含义可能有所不同，但是基本用法是相同的。这里我们介绍 8 种 MCS－51 系列单片机编程时常用的伪指令。

1)起始伪指令

起始伪指令的助记符为 ORG，来自英文“origin”。伪指令格式如下：

[标号:] ORG　　16　　位地址或符号

指令功能：在程序进行汇编时，将该语句后面的源程序所汇编成的目标代码存放在指定的 16 位地址或符号所表示的存储单元中。

ORG 伪指令一般放在源程序开头，在程序汇编中也可以再次使用 ORG 伪指令。需要注意的是，后面 ORG 的参数所表示的地址必须大于前面的，否则汇编不能通过。

2)结束伪指令

结束伪指令的助记符为 END，来自英文“end”。伪指令格式如下：

[标号:]END[程序起始地址]

指令功能：当汇编程序遇到该伪指令后，停止汇编。该伪指令的位置固定在源程序最末尾，END 后面可以跟第一条指令的符号地址。

3)赋值伪指令

赋值伪指令的助记符为 EQU，来自英文“equate”。伪指令格式如下：

字符名称　　EQU　　表达式

指令功能：在程序进行汇编时，将 EQU 右边的表达式内容赋给左边的字符名，赋值后字符名称可以作为地址或者数据在程序中使用。

对于同一个字符名字，最好不要重复定义，在某些版本的汇编程序中会出现重定义错误，表达式可以是数值、赋值后的标号或寄存器名等。

4)数据地址赋值伪指令

数据地址赋值伪指令的助记符为 DATA，来自英文“data”。伪指令格式如下：

字符名称　　DATA　　表达式

指令功能：将数据地址或代码地址赋给字符名称。DATA 伪指令和 EQU 伪指令类似，但要注意以下两点区别：

DATA 不能将汇编符号赋给字符名称，如 R0 ~ R7。

DATA 伪指令可以先使用后定义。

5)定义字节伪指令

定义字节伪指令的助记符为 DB，来自英文“efine bye”。伪指令格式如下：

[标号:]　　DB　　8 位二进制数表

指命功能：在程序进行汇编时，将 8 位二进制数表存入以左边标号为起始地址的连续存储单元中。

8 位二进制数可以用二进制、八进制、十进制或十六进制表示，另外也可以是用引号表示的 ASCI 码。若 8 位二进制数一行容纳不下，需要另起一行时，前面仍然要以 DB 开头。

6)定义字伪指令

定义字伪指令的助记符为 DW，来自英文“define wond”。例指令格式加下：

[标号:]　　DW　　16 位进制数表

指令功能：在程序进行汇编时，将 16 位进制数表存入以左边标号为起始地址的连续存储单元中。

在存储过程中，每个 16 位数据要占据 2 个存储单元，数据的低 8 位存入高字节地址，数据的高 8 位存入低字节地址。

7)定义存储空间伪指令

定义存储空间伪指令的助记符为 DS，来自英文“define stonge”，伪指令格式如下：

[标号:]　　DS　　表达式

指令功能：在程序进行汇编时，从标号所指示的地址中开始预留一定数量的内存单元，存储单元的数量由表达式决定。

8)定义位伪指令

定义位伪指令的助记符为 BIT，来自英文“bit”。伪指令格式如下：

字符名称　　BIT　　位地址

指令功能：将位地址赋给字符名称。

三、汇编程序设计的一般步骤

无论是开发一个大的项目还是编制一个简单的程序，我们在编制汇编程序时都要遵循一定的步骤。

1. 分析任务，确定思路和算法

首先要收集与设计任务相关的各种资料，根据调研结果确定总体设计方案，明确系统要实现的功能以及系统的技术指标。然后将一个具体任务抽象成数学模型，进而把实际问题转化为单片机能够处理的问题。

解决问题的算法往往不止一种，我们要对可行的算法进行分析比较，选出其中最简单、最实用的算法。

2. 画出程序流程图

流程图是用来描述事物进行过程的一种图形，在程序设计过程中，画出流程图能够将问题变得清晰、明确。流程图集中体现了程序中的各种逻辑关系，有助于我们在程序调试过程中及时发现问题。

1)流程图中常用符号

图 2-1-5 所示为流程图中常用符号。

(1)流程线：用来表示整个过程的路径和方向。

(2)起始框：用来表示过程的开始或结束。

(3)处理框：用来表示过程中的处理和运算。

(4)判断柜：用来判新是否满足条件。

(5)连接点：当流程图在一页上画不完时，要在相应的连接处画上相同符号，以确保流程图的完整性。

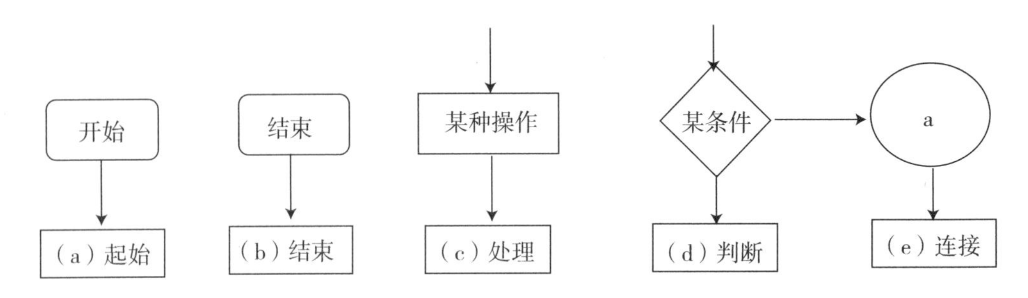

图2-1-5　流程图中常用符号

2)三种基本流程图

图2-1-6所示为三种基本流程图。

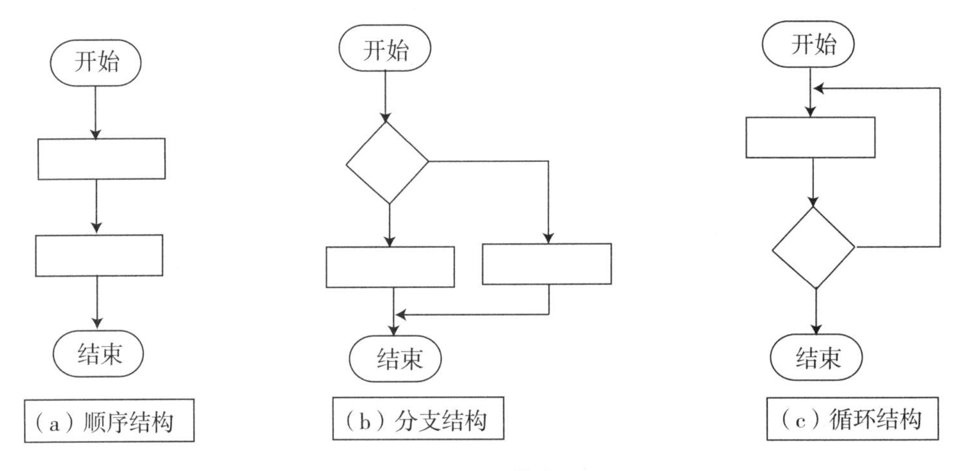

图2-1-6　三种基本流程图

3)编写源程序

按照之前设计好的流程图，开始编写源程序。在程序编写过程中，注意程序的可读性和正确性，在程序的适当位置加上注释。

4)调试和测试程序

源程序编写完成后，可以采用软件和硬件两种方式进行调试。软件调试是指在不与单片机具体硬件连接的情况下，利用汇编程序进行调试。硬件调试是指将源程序写到硬件中，利用仿真器来调试。

如果是开发大项目，程序调试成功后，还要进行详细的测试，以排除程序中的漏洞。测试时使用的数据要考虑产品应用时可能发生的各种情况。

四、汇编程序设计方法

前面我们已经介绍了汇编程序设计的一般步骤，在这里我们介绍一些编程中常用的程序设计方法。

1. 顺序结构程序设计

顺序结构程序是一种比较简单的程序，程序中没有分支、转移和循环等，程序按照先后顺序执行。

2. 分支结构程序设计

在处理实际问题时，顺序结构通常不能满足任务要求。为此，在编写程序时，我们常常通过判断某些条件来决定程序的流向，这种类型的程序，称为分支结构程序。

前面讲述的控制转移类指令和位转移控制指令在编写分支结构程序时常常被用到。程序转移的情况一般有以下 3 种：

(1)无条件转移：程序转移的方向是事先安排好的，使用时只需直接给出正确的转移地址即可。

(2)条件转移：根据已执行指令对标志位、累加器或片内 RAM 某位的影响结果来决定程序的走向。这种程序的流程图一般是单分支结构，即一个入口，两个出口。

(3)散转：使用指令“JMP　@A+DPTR”，改变 A 和 DPTR 的内容，可以实现多路分支，即一个入口，多个出口。

3. 循环结构程序设计

在解决实际问题过程中，程序中的某些操作往往需要重复执行。这时我们一般采取循环结构进行程序设计。这种方法能够简化程序，节省存储空间。在循环结构中，有三个基本组成部分。

(1)初始化部分：循环初始化部分用来做好循环前的准备工作。例如，设置循环计数器、地址指针或一些变量的初值。初始化部分放置在循环体外，只执行一次。

(2)循环体部分：循环体部分是循环重复执行的部分。

(3)循环控制部分：循环控制部分控制循环变量是否满足终值条件，控制循环体的执行或结束。循环体放置于循环控制之前的循环结构称为“直到型”循环；循环控制放置于循环体之前的循环结构称为“当型”循环。“直到型”循环的特点是“先执行、后判断”，“当型”循环的特点是“先判断、后循环”。在程序中，若只有一个循环体，我们称之为单循环。若程序某循环语句中又包含另外完整的循环结构，我们称之为多重循环或循环嵌套。多重循环只允许嵌套，不能出现交叉。多重循环的执行顺序是由内而外，逐层循环。

4. 查表程序设计

查表程序是将事先计算或测得的数据，按照一定的顺序编制成表格，存放在存储器中，在程序执行时，直接从表中查到所需结果。查表程序编程简单、执行速度快，适用于非数值计算和实时控制场合。

常用于查表程序的指令有以下两条：

①MOVC A @A+ DPTR

②MOVC A，@A+PC

(1)使用 DPTR 作为基址寄存器时，查表步骤分为以下 3 步：

①址值(即表格首地址)存入 DPTR；

②址值(所要查询的表格项与表格首地址之间的间隔字节数)送入累加器 A;

③执行指令“MOVC A, @A+DPTR”, 查表结果存入累加器 A。

(2)使用 PC 作为基址寄存器时, 查表步骤分为以下 3 步:

①变址量(所要查询的表格项与表格首地址之间的间隔字节数)送入累加器 A;

②使用指令“ADDA, #data”进行定位修正, data 的值为查表指令下一条指令的首地址到表格首地址之间的间隔字节数;

(3)执行指令“MOVC A, @A+PC”进行查表, 查表结果送回累加器 A。

5. 子程序设计

1)子程序的结构与调用

在实际应用中, 常常将多次使用的基本操作编写成相对独立的程序段, 这种相对独立、能被调用的程序称为子程序。调用子程序的程序称为主程序或调用程序。

合理使用模块化的子程序设计思想, 能使整个程序的结构清晰, 更易于阅读和理解。

事实上, 在没有学习子程序设计之前, 我们已经接触过使用子程序设计思想的例子了, 典型的案例代表就是前面反复用到的延时子程序。

(1)使用子程序结构时需要注意以下两点:

子程序开头需要加一个能够标明其功能的标号, 以便于主程序调用; 子程序结束时需要使用一条返回指令 RET, 用于恢复主程序的断点。

(2)主程序中通过绝对调用指令 ACALL 或长主程序调用指令 LCALL 来调用子程序。

子程序执行结束后, 主程序将执行调用指令的下一条指令。

2)子程序的现场保护与恢复

主程序和子程序中都用到了一些通用单元, 如累加器 A、工作寄存器 R0 ~ R7、数据指针 DPTR 以及有关标志和状态等, 调用子程序后, 可能会影响这些共用单元的值或 PSW 的状态。为了保证返回主程序后, 相关共用单元的值不被改变, 一般在调用子程序之前, 需要将相关的值保存起来(即保护现场), 子程序结束返回主程序时, 再将其还原(即恢复现场)。

3)子程序参数传递

在有些情况下, 主程序调用子程序时, 需要将一些参数传递给子程序中的相应变量, 这些参数称为入口参数; 子程序有时也会返回一些结果给主程序, 这些出口数据称为出口参数。

传递的参数可以是数据也可以是地址, 传递方式主要有以下 3 种:

(1)寄存器传送。

使用累加器 A 和工作寄存器 R0 ~ R7 传递参数, 程序设计简单、运行速度快, 但由于容量有限, 适合参数比较少时使用。

(2)数据指针传送。

使用这种方式传递参数时, 事先需要建立参数表, 然后利用指针 Ri 和 DPTR 进行可变长度的运算, 适合参数较多时使用。一般情况下, 参数表在片内 RAM 中时, 使用

Ri 作为数据指针；参数表在片外 RAM 中时，使用 DPTR 作为数据指针。

(3)堆栈传送。

在调用子程序前，主程序利用入栈指令 PUSH 将入口参数压入堆栈；进入子程序之后，子程序利用出栈指令 POP 将参数弹出使用。

【学习检测】

1. AT89S51 内部数据存储器的地址范围是________，位地址空间的字节地址范围是__________，对应的位地址范围是________，外部数据存储器的最大可扩展容量是________。

2. AT89S51 单片机指令系统的寻址方式有__________、__________、__________、__________、__________。

任务二　二进制 BCD 转换

【任务目标】

1. 掌握二进制之间的转换
2. 通过二进制转换学会十进制、十六进制的转换
3. 了解 MCS－51 单片机的指令系统
4. 掌握并熟练使用 5 大汇编语言指令
5. 看懂流程图并会绘制流程图和独立完成实验

【任务描述】

单片机中的数值有各种表达方式，这是单片机的基础。掌握各种数制之间的转换是一种基本功。本任务要求我们将给定的一字节二进制数转换成二－十进制(BCD)码；将累加器 A 的值拆为三个 BCD 码，并存入 RESULT 开始的三个单元。

【任务分析】

本任务要求了解单片机内部指令的典型应用，通过 DIV 指令的使用，编写将指定存储器内的二进制码转换为 BCD 码，并存储在指定的存储器中。

【任务实施】

一、软件程序设计

1. 绘制程序流程图

图 2－2－1 所示为二进制 BCD 码转换流程图。

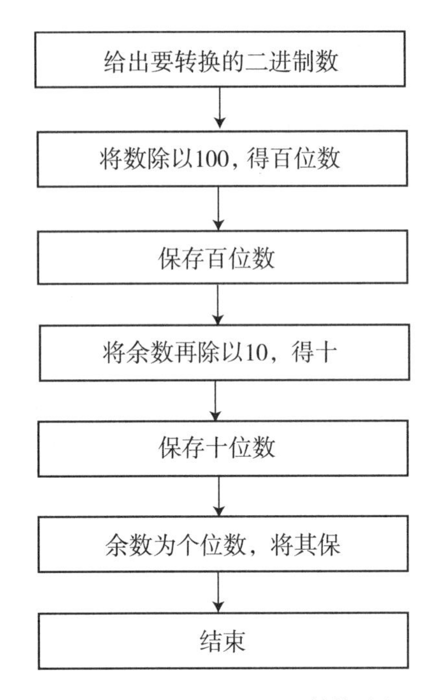

图2-2-1　二进制BCD码转换流程图

2. 汇编源程序设计

参考程序如下：

```
RESULT EQU 30H；将右边内容赋予左边的字符名
ORG 0000H
LJMP START；跳转到START
START：
MOV SP，#40H；堆栈赋值
MOV A，#123
LCALL BINTOBCD；调用子程序
LJMP  $
BINTOBCD：
MOV B，#100
DIV AB
MOV RESULT，A；除以100得百位数
MOV A，B
MOV B，#10
DIV AB；除法指令
MOV RESULT+1，A；余数除以10得十位数
MOV RESULT+2，B；余数为个位数
RET
```

END

二、程序的在线仿真与调试

(1)启动单片机，打开 Keil uVision4 仿真软件。

(2)首先建立本实验的项目文件，选择“Project” > “New Project”菜单，在弹出的窗口保存工程文件，填写文件名。然后进行仿真器的设置，设置为软件仿真状态。

(3)在弹出的 CPU 选择对话框中选择 ATMEL 的 AT89C51 系列芯片，然后确定。

(4)单击文件工具栏中 ，在编辑区域编辑汇编源程序，完成后点击保存并将源程序以“. asm”形式保存。

(5)在工程窗口“Source Group 1”中单击鼠标右键，在弹出的快捷菜单中把汇编源文件加入其中。

(6)单击  ，在弹出的窗口中单击“Debug”(如 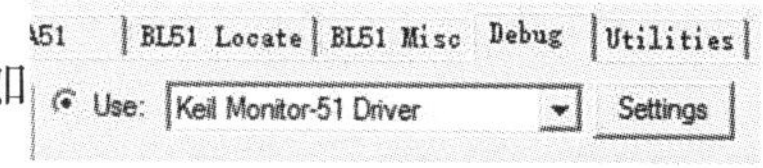)，再单击“Settings”在弹出的窗口选择对应的 COM 口和波特率(如 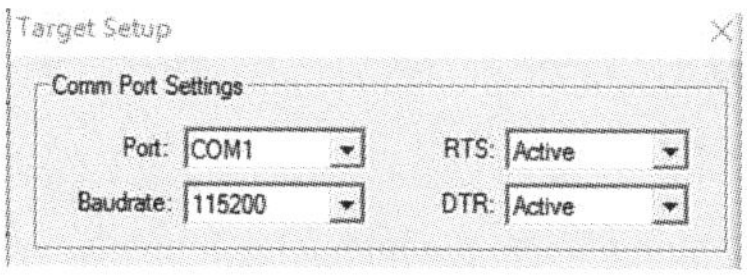)。

(7)单击编译工具栏中的  (从左往右)，对汇编源文件进行编译。

(8)单击  按钮，运行源程序，在弹出的界面单击 RUN 运行  ，下载源程序。

(9)编译无误后，打开 Memory Window 数据窗口，在“Address:”后面输入“D: 30H”后按回车键，使地址 30H 出现在窗口上。执行程序，点击运行按钮，再点击停止按钮，观察地址 30H、31H、32H 的数据变化，发现 30H 更新为 01，31H 更新为 02，32H 更新为 03。用键盘输入，改变地址 30H、31H、32H 的值，点击复位按钮后，可再次运行程序，观察实验结果。修改源程序中给累加器 A 的赋值，重复实验，观察实验结果。

(10)以单步运行方式运行程序，观察 CPU 窗口各寄存器的变化，可以看到程序执行的过程，加深对实验的了解。

【巩固练习】

请根据以下流程图完善二进制 ASCII 码转换的源程序，并联机调试，写出实验现象。图 2-2-2 所示为二进制 ASCII 码转换流程图。

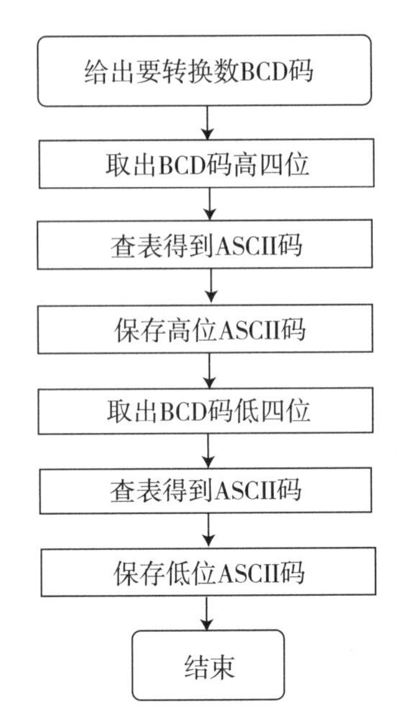

图 2－2－2　二进制 ASCII 转换流程图

二进制 ASCII 码转换源程序如下：

```
RESULT  EQU   30H
        ORG   0000H
        LJMP  START
…………
…………
…………
…………
…………
ASCIITAB:
DB      '0123456789ABCDEF'；定义数字对应的 ASCII 表
END
```

实验现象：____。

【知识点链接】

一、MCS－51 指令系统的寻址方式与实例介绍

寻址就是寻找指令中操作数或操作数所在的地址。在汇编语言程序设计中，要针对系统的硬件环境编程，数据的存放、传送、运算都要通过指令来完成，编程者必须自始至终都十分清楚操作数的位置，以便将它们传送至合适的空间操作。因此，如何寻找存放操作数的空间位置和提取操作数就变得十分重要了。所谓寻址方式，就是如何找到存放操作数的地址，并把操作数提取出来的方法。它是计算机的重要性能指标

之一，也是汇编语言程序设计中最基本的内容之一，编程者必须十分熟悉，牢固掌握。

MCS－51系列单片机的寻址方式共有7种：寄存器寻址、直接寻址、立即数寻址、寄存器间接寻址、变址寻址、相对寻址、位寻址。表2－2－1所示为MCS－51系列单片机的寻址方式及实例。

表2－2－1　MCS－51系列单片机寻址方式及实例

寻址方式	寻址范围	操作数形式	举例内
寄存器寻址	R0～R7，DPTR Acc，B，C(CY位)	寄存器名	MOV　A，R0 INC　DPTR
直接寻址	内部RAM 00H～7FH 特殊功能寄存器80H～FFH	8位地址 SFR名	MOV　A，60H PUSH　P1
	短转移，指令直接给出11位地址	Addr11或标号	AJMP　NEW；标号
	长转移，指令直接给出16位地址	Addr16或标号	LJMP　2010H
位寻址	内部RAM位寻址区(20H～2FH)： 位地址00H～7FH 可寻址的特殊功能寄存器： 位地址80H－F7H	8位地址位名内容来自单片SFR名	MOV　C，78H CLR　TR0 ANL　C，P0.1
寄存器间接寻址	以数据指针表示操作数 内部RAM 00H～7FH	@R0 @R1	MOV　A，@R0 ADD　A，@R1
	外部RAM或I/O端口 00H～FFH / 0000H～FFFFH	@R0，@R1 @DPTR	MOVX　A，@R0 MOVX　@DPTR，，A
立即数寻址	8位(二进制)立即数	#data	MOV　A，#1
	16位(二进制)立即数	#data16	MOV　DPTR，#2000H
基址加变址寻址	以变址方式读程序存储器 实际地址＝基址＋变址偏移量 8位无符号变址偏移量由A提供 基址由PC或DPTR提供	@A＋DPTR @A＋PC	MOVC A，@A＋DPTR MOVC A，@A＋PC
相对寻址	转移地址＝基址＋相对偏移量rel 基址为取指令后的PC值 8位有符号数rel在指令中给出	rel	SJMP　0EBH
		标号	SJMP　LOOP；标号

1. 寄存器寻址

寄存器寻址方式就是操作数存储在寄存器中，指定寄存器就得到了操作数，例如，“MOV A，R0”就是将寄存器R0中的数据传送到A中，这样通过直接指定寄存器的方式进行寻址即为寄存器寻址。[图2-2-3(a)]寻址寄存器包括通用寄存器和部分专用寄存器，比如累加器A、B寄存器。

2. 直接寻址

直接寻址就是直接在指令中指定操作数的地址，例如，“MOV A，60H”代表的意思就是将地址为60H的存储单元中的数据取出来传送给累加器A[图2-2-3(b)]。这里的操作数就是直接通过数据存储器的地址3AH来指定的。直接寻址方式的寻址范围仅限于内部数据存储器。对于内部数据存储器的低128个字节可以直接通过地址的方式来指定，而对于高128个字节除了可以通过地址的方式来指定外，还可以通过特殊功能寄存器的寄存器符号给出。

3. 寄存器间接寻址

寄存器间接寻址就是通过寄存器指定数据存储单元的地址，寄存器中存储的是地址。采用寄存器间接寻址方式时应在寄存器前加上“@”符号。例如，“MOV A，@R1”它的功能就是将R1中存储的地址所指向的存储单元中的数据取出来传送到累加器A中[图2-2-3(c)]。对于寄存器间接寻址，用来存储地址的寄存器只能为R0、R1或DPTR。其中，R0和R1用来访问片内数据存储器的低128字节和片外数据存储器的低256字节，DPTR用来访问片外数据存储器。例如，“MOVX A，@DPTR”。

4. 变址寻址

变址寻址是以某个寄存器的内容为基础，然后在这个基础上再加上地址偏移量，形成真正的操作数地址。需要特别指出的是，用来作为基础的寄存器可以是PC或是DPTR，地址偏移量存储在累加器A中，例如，“MOVC A，@A+PC”，其意思就是将PC内存储的地址和累加器A里面的偏移量相加，最后根据得到的地址来查找相应的存储单元[图2-2-3(d)]。

5. 立即数寻址

立即数寻址就是直接将需要访问的数据在指令中给出，这样的寻址方式就是立即寻址。立即数寻址的方式为“MOV A，#40H”。值得注意的是：在立即数寻址中，立即数前面必须要加上“#”号。

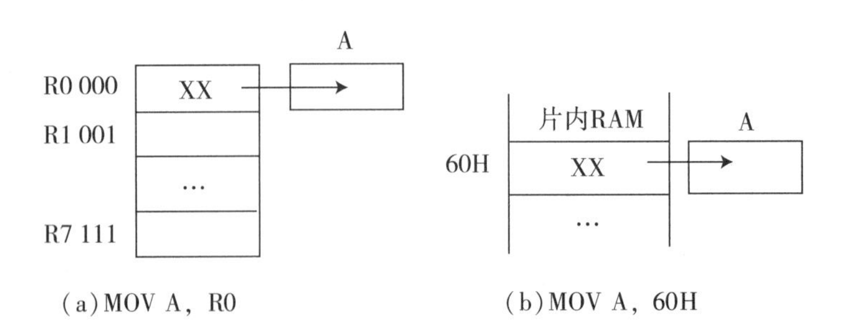

(a)MOV A，R0　　(b)MOV A，60H

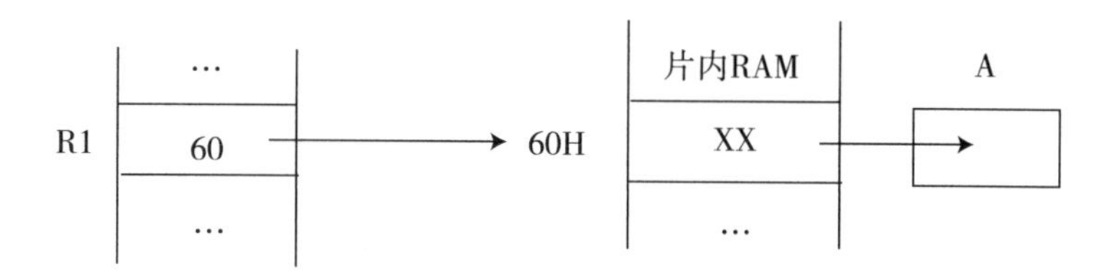

(c)MOV A，@R1

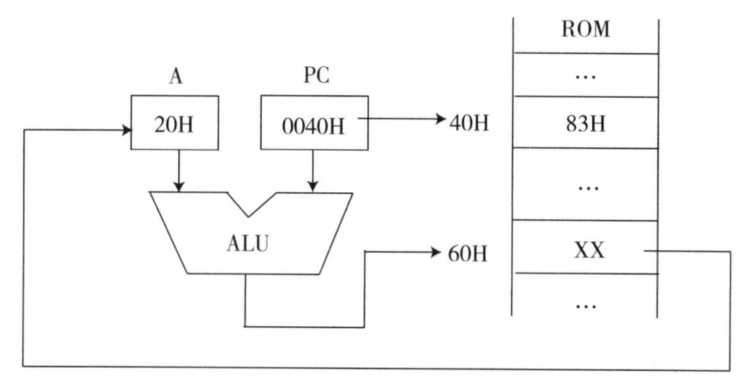

(d)MOVC A，@A+PC

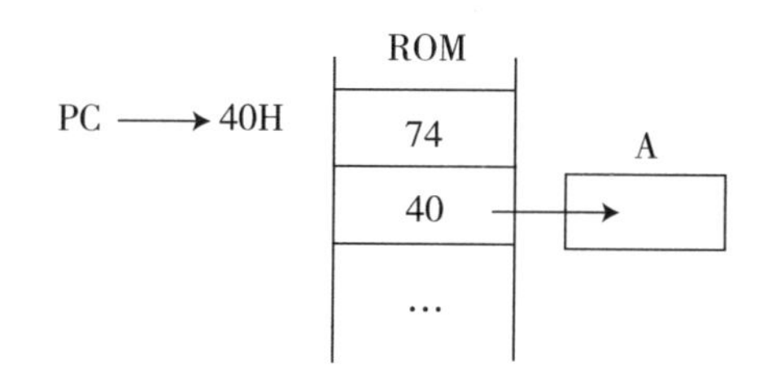

(e)MOV A，#40H

图 2-2-3　MCS-51 系列单片机寻址方式

6. 位寻址

位寻址方式是指将要访问的数据是一个单独的位，指定位数据的方式有通过位地址、通过字节地址加点及位数、通过寄存器名加点及位数、通过位的名称。

7. 相对寻址

相对寻址主要是针对跳转指令而言的。对于跳转指令，跳转到的目标指令的地址是通过正在执行的指令地址来确定的，一般是采用正在执行的指令地址加上偏移量的方式。偏移量可以是正也可以是负，偏移量是采用有符号数的存储形式即补码的形式来存储的。

二、MCS-51 系列单片机的指令中操作数的描述符号

指令中操作数的描述符号如下：

Rn——工作寄存器 R0～R7。

Ri——间接寻址寄存器 R0、R1。

direct——直接地址，包括内部 128 kB RAM 单元地址、26 个 SFR 地址。

#data——8 位常数。

#data 16——16 位常数。

addr 16——16 位目的地址。

addr 11——11 位目的地址。

rel——8 位带符号的偏移地址。

DPTR——16 位外部数据指针寄存器。

bit——可直接位寻址的位。

A——累加器。

B——寄存器。

C——进、借位标志位，或位累加器。

@——间接寄存器或基址寄存器的前缀。

/——指定位求反。

(x)——x 中的内容。

((x))——x 中的地址中的内容。

$——当前指令存放的地址。

四、MCS－51 系列单片机的指令系统

MCS－51 系列单片机的指令系统中共有 111 条指令，分五大类：

(1)数据传送类：29 条；

(2)算术运算类：24 条；

(3)逻辑运算类：24 条；

(4)控制转移类：17 条；

(5)位操作类：17 条。

1. 数据传送指令

CPU 在进行算术和逻辑运算时，总需要有操作数。所以，数据的传送是一种最基本、最主要的操作。在通常的应用程序中，传送指令占有很大的比例。数据传送是否灵活、迅速，对整个程序的编写和执行都起着很大的作用。MCS－51 系列单片机为用户提供了极其丰富的数据传送指令，共有 29 条，功能很强大。特别是直接寻址的传送，可使用通用寄存器或累加器，以提高数据传送的速度和效率。

1)内部 RAM 间的数据传送(16 条)

(1)指令。

指令格式：MOV[目的字节]，[源字节]

功能：把源字节指定的变量传送到目的字节指定的存储单元中，源字节内容不变。

(2)操作数。

操作数：A，Rn，direct，@Ri，DPTR，#data

传送关系如图 2－2－4 所示。

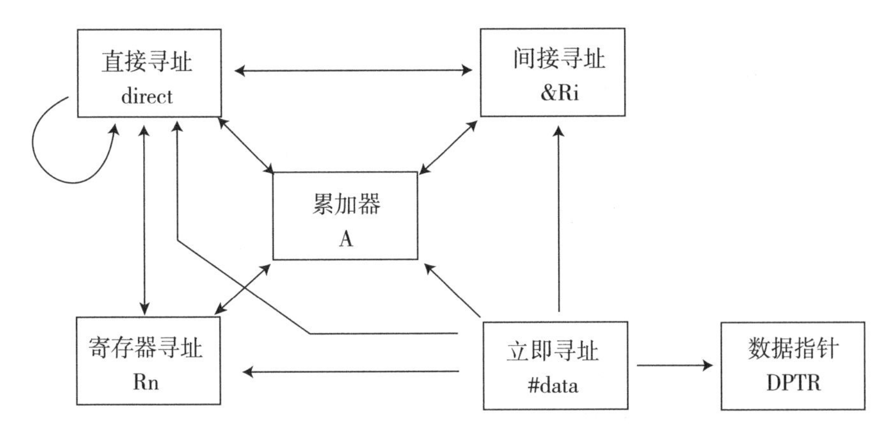

图2-2-4　传递关系图

(3)指令描述举例：

以A为目的操作数：

MOV A，Rn；(A)←(Rn)

以Rn为目的操作数：

MOV Rn，direct；(Rn)←(direct)

以direct为目的操作数：

MOV direct1，direct2；(direct1)←(direct2)

MOV direct，@Ri；(direct)←((Ri))

以@Ri为目的操作数：

MOV @Ri，A；((Ri))←(A)

MOV @Ri，#data；((Ri))← data

16位数据传送指令

MOV DPTR，#data16；高8位送DPH，低8位送DPL

例：设(70H)=60H，(60H)=20H，P1为输入口，状态为0B7H，执行如下程序：

MOV R0，#70H；(78H 70H)

MOV A，@R0；(E6H)

MOV R1，A；(F9H)

MOV B，@R1；(87H F0H)

MOV @R0，P1；(A6 90H)

结果：

(70H)=0B7H

(B)=20H

(R1)=60H

(R0)=70H

例：给出下列指令的执行结果，指出源操作数的寻址方式。

MOV 20H，#25H

MOV 25H，#10H

MOV P1，#0CAH

MOV R0，#20H

MOV A，@R0

MOV R1，A

MOV B，@R1

MOV @R1，P1

MOV P3，R1

结果：

(20H) =25H，(25H) =10H，(P1) =0CAH，

(R0) =20H，(A) =25H，(R1) =25H，

(B) =10H，(25H) =0CAH，(P3) =25H

2)累加器 A 与外部数据存储器(或扩展 I/O 口)传递数据 MOV X

MOVX A，@DPTR

MOVX A，@Ri；均为单字节指令

MOVX @DPTR，A

MOVX @Ri，A

功能：A 与外部 RAM 或扩展 I/O 口数据的相互传送。

说明：

(1)用 Ri 进行间接寻址时只能寻址 256 个单元(0000H ~ 00FF)，当访问超过 256 个字节的外 RAM 空间时，需利用 P2 口确定高 8 位地址(也称页地址)，而用 DPTR 进行间址可访问整个 64 kB 空间。

(2)在执行上述读、写外 RAM 指令时，P3.7(RD)、P3.6(WR)会相应自动有效。

(3)可用作为扩展 I/O 口的输入/输出指令。

例：将外 RAM 2010H 中内容送入外 RAM 2020 单元中。

分析：读 2010H 中内容→A→写数据→2020H 中

流程如图 2－2－5 所示。

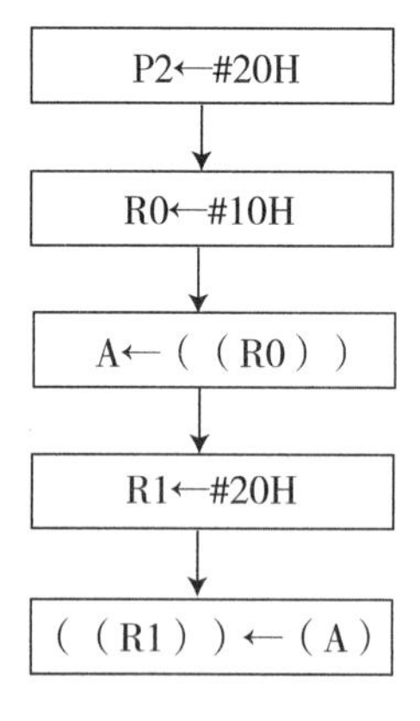

图 2－2－5　流程图

程序如下：

MOV P2，#20H；输出高 8 位地址

MOV R0，#10H；置读低 8 位间接地址

MOVX A，@R0；读 2010H 中数据

MOV R1，#20H；置写低 8 位间接地址

MOVX @R1，A；将 A 中数据写入 2020H 中

3)查表指令 MOVC

表格：程序存储器除存放程序外，还可存放一些常数，这种数据的结构称为表格。

访问：通过两条程序存储器取数指令，即通过查表指令来访问，完成从 ROM 中读数，并只能送入累加器 A。

指令格式：

MOVC A，@A+DPTR；(A)←((A)+(DPTR))

MOVC A，@A+PC；(PC)←(PC)+1，(A)←((A)+(PC))

特点：单字节指令，源操作数为变址寻址，执行时，PSEN 会自动有效。

功能：以 DPTR、PC 为基地址，与累加器 A 中的 8 位无符号数相加，得到一个新 16 位地址，将其内容送累加器 A。

(1)用 DPTR 作为基寄存器。

例：设外部 ROM 的 2000H 单元开始的连续 10 个字节中已存放有 0 ~9 的平方数，要求根据 A 中的内容(0 ~9)来查找对应的平方值。

START：MOV A，#3

MOV DPTR，#TABLE

MOVC A，@A+DPTR；查表

…

ORG 2000H

TABLE：DB 0，1，4，9，16，25，36，49，64，81

结果：A←(2003H)，(A)=09H

特点：可访问整个 ROM 的 64 kB 空间，表格可放在 ROM 中的任何位置，与 MOVC 指令无必然的关系。

(2)用 PC 作为基寄存器。

例：ORG 1000H

1000H MOV A，#30H；

1002H MOVC A，@A+PC；

结果：A←(1033H)。

优点：不改变 PC 的状态，根据累加器 A 的内容取表格常数。

缺点：

①表格只能存放在查表指令以下的 256 个单元内。

②当表格首地址与本指令间有其他指令时，须用调整偏移量，调整编移量为下一条指令的起始地址到表格首址之间的字节数。

例：阅读下列程序，给出运行结果，设(A)=3。

1000H ADD A，#02H；加调整量

1002H MOVC A，@A+PC；查表

1003H NOP

1004H NOP

1005H

TAB：DB 66，77，88H，99H，‘W’，‘10’

结果：(A)=99H，显然，两条NOP指令没有时，不需调整。

4)堆栈操作

由特殊功能寄存器SP(81H)管理，始终指向其栈顶位置，栈底视需要设在内部RAM低128 kB内。

(1)进栈操作：PUSH direct。

功能：先执行(SP)←(SP)+1，再执行((SP))←(direct)。其中，direct为源操作数；目的操作数为@SP，隐含。

例：设(A)=30H，(B)=70H

执行：

MOV SP，#60H；设栈底

PUSH ACC；

PUSH B

结果：(61H)=30H，(62H)=70H，(SP)=62H。

(2)出栈操作：POP direct。

功能：先执行(direct)←((SP))，再执行SP←(SP)-1。其中，direct为目的操作数，源操作数为@SP。

例：设(SP)=62H，(62H)=70H，(61H)=30H

执行：

POP DPH

POP DPL

结果：(DPTR)=7030H，(SP)=60H

5)数据交换指令

数据交换指令共5条，完成累加器和内部RAM单元之间的字节或半字节交换。

(1)整字节交换。

XCH A，Rn；(A)⟷(Rn)

XCH A，direct；(A)⟷(direct)

XCH A，@Ri；(A)⟷((Ri))

(2)半字节交换。

XCHD A，@Ri；(A)0~3⟷((Ri))0~3

(3)累加器自身高低4位交换。

SWAP A；(A)7~4⟷(A)3~0

例：设(A)=57H，(20H)=68H，(R0)=30H，(30H)=39H，求下列指令的执行结果：

(1)XCH A，20H；

结果：(A)=68H，(20H)=57H

(2)XCH A，@R0；

结果：(A)=39H，(30H)=57H

(3)XCH A，R0；

结果：(A)=30H，(R0)=57H

(4)XCHD A，@R0；

结果：(A)=59H，(30H)=37H。

(5)SWAP A；

结果：(A)=75H。

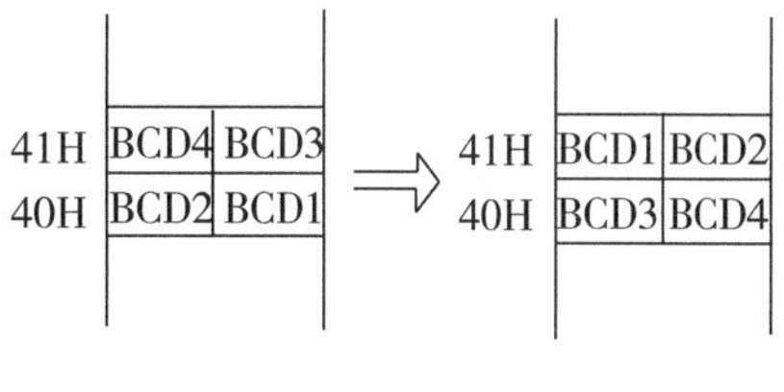

例：设内部 RAM 40H、41H 单元中连续存放有 4 个压缩的 BCD 码数据，试编程序将这 4 个 BCD 码倒序排列。

分析：流程如图 2-2-6 所示，程序如下：

```
MOV A，41H
SWAP A
XCH A，40H
SWAP A
MOV 41H，A
```

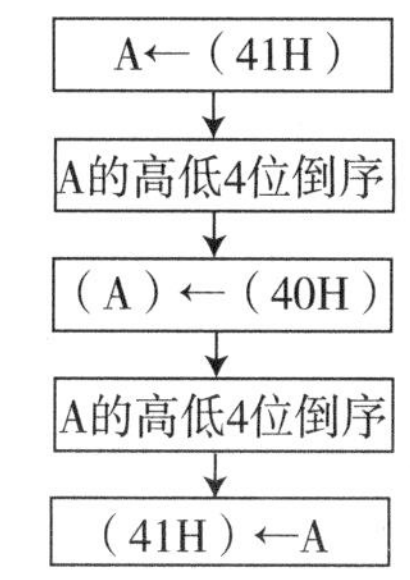

图 2-2-6　流程图

2. 算术运算指令

算术运算指令共有 24 条，主要是执行加、减、乘、除法四则运算。另外，MCS-51 系列单片机指令系统中有相当一部分是进行加 1、减 1 操作，BCD 码的运算和调整，都归类为运算指令。虽然 MCS-51 系列单片机的算术逻辑单元 ALU 仅能对 8 位无符号整数进行运算，但利用进位标志 CY，则可进行多字节无符号整数的运算。同时利用溢出标志位 OV，还可以对带符号数进行补码运算。除加 1、减 1 指令外，这类指令大多都会对 PSW(程序状态字)有影响。

1. 加减法指令(12 条)

(1)指令助记符。

ADD——+；

ADDC——带 C+；

SUBB——带 C-。

(2)操作数。

图 2-2-7 所示为以 A 为目的操作数。

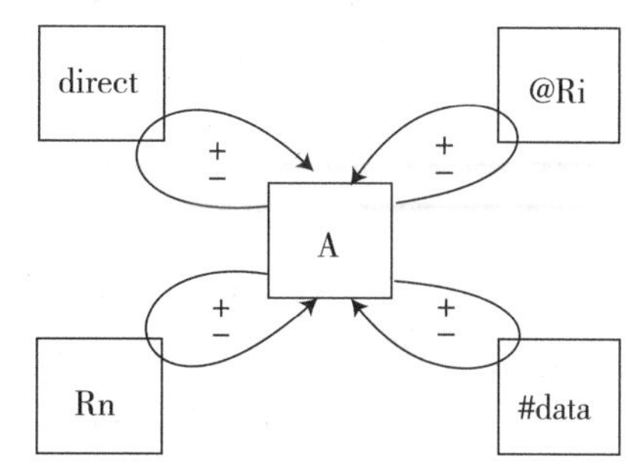

图 2-2-7　操作数

(3)指令描述举例。

不带进位加法 ADD，4 条。

ADD A，Rn；(A)←(A)+(Rn)

带进位加法指令 ADDC，4 条。

ADDC A，direct(A)←(A)+(direct)+(CY)

带进位减法指令 SUBB，4 条。

SUBB A，@Ri；(A)←(A)-((Ri))-(CY)

SUBB A，#data；(A)←(A)- #data -(CY)

例：设(A)=D3H，(30H)=E8H

执行：

ADD A，30H

```
       1101 0011   (D3)(-45)补      无符号数  21
+)     1110 1000   (E8)(-24)补                232
──────────────────────
 11011 1011
```

结果：CY=1，AC=0，P=0，OV=0，(A)=BBH(补码真值-69，正确)。

例：设(A)=88H，(30H)=99H，CY=1

执行：

ADDC A，30H

```
          1000 1000   (88H)   (-78)补
          1001 1001   (99H)   (-67)补
      +)          1
──────────────────────
        10010 0010
```

结果：CY=1，AC=1，P=0，OV=1，(A)=22H(真值34，不正确)。

例：设(A)=49H，CY=1，

执行：

SUBB A，#54H

```
        0100 1001   (49H)
0101 0100   (54H)
        -)1
──────────────────────
        1111 0100   (借位1)
```

结果：CY=1，AC=0，P=0，OV=0，(A)=F4H(真值-12，正确)。

例：试编制 4 位十六进制数加法程序，假定和数超过双字节。

(21H20H)+(31H30H)→42H41H40H

分析：先进行低字节不带进位求和，再进行带进位高字节求和。

程序如下：

```
MAIN：MOV A，20H
      ADD A，30H
      MOV 40H，A
      MOV A，21H
      ADDC A，31H；带低字节进位加法
      MOV 41H，A
      MOV A，#00H；准备处理最高位
          MOV ACC.0，C
      MOV 42H，A
      SJMP $
```

2)加 1、减 1 指令

助记符：INC，DEC

操作数：A，direct，@Ri，Rn，DPTR

指令描述：不影响 PSW，即使有进位或借位，CY 也不变，除 A 影响 P 标志。

(1)INC：(加 15 条)

INC A；(A)←(A)+1

INC Rn；(Rn)←(Rn)+1

INC @Ri；((Ri))←((Ri))+1

INC direct；(direct)←(direct)+1

INC DPTR；(DPTR)←(DPTR)+1

(2)DEC：(减 14 条)

DEC A；(A)←(A)—1

DEC Rn；(Rn)←(Rn)—1

DEC @Ri；((Ri))←((Ri))—1

DEC direct；(direct)←(direct)

例：编制下列减法程序，要求：(31H30H)—(41H40H)→31H30H。

分析：流程图(略)。

程序如下：

```
MAIN：CLR C；CY 清零
MOV R0，#30H
MOV R1，#40H
MOV A，@R0
SUBB A，@R1
MOV @R0，A；存低字节
INC R0；指向 31H
INC R1；指向 41H
MOV A，@R0
SUBB A，@R1
```

MOV @R0，A；存高字节

SJMP $

3)十进制调整指令

格式：DA A

指令用于两个 BCD 码加法运算的加 6 修正，只影响 CY 位。指令的使用条件如下：

(1)只能紧跟在加法指令(ADD/ADDC)后进行。

(2)两个加数必须已经是 BCD 码。

(3)只能对累加器 A 中结果进行调整，加 6 修正的依据：由 CPU 判 CY、AC 是否 =1，A 中的高、低 4 位是否大于 9。

例：(A)=56H，(R5)=67H，(BCD 码)执行：

ADD A，R5

DA A

结果：(A)=23H，(CY)=1。

例：试编制十进制数加法程序(单字节 BCD 加法)，假定和数为单字节，要求：

(20H)+(21H)→22H

分析：流程如图 2-2-8 所示。

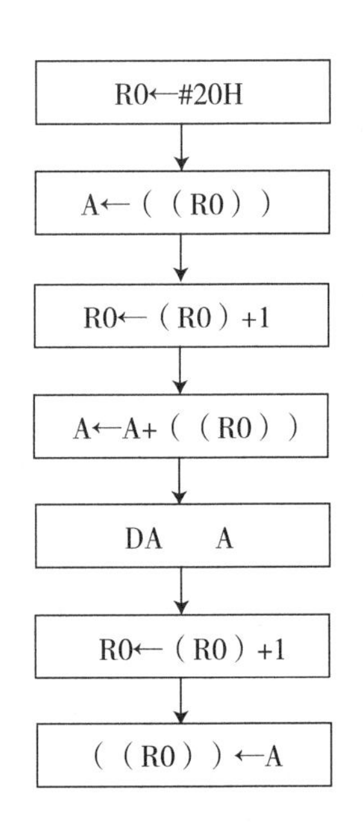

图 2-2-8 流程图

程序如下：

MOV R0，#20H

MOV A，@R0

INC R0

ADD A，@R0

DA A

INC R0

MOV @R0，A

4)乘除法指令

唯一两条单字节 4 机器周期的指令。

(1)8 位无符号数乘法指令。

MUL AB；(B 15 ~8)(A7 ~0)←(A)×(B)

PSW：①若乘积大于 256，OV =1；否则 OV =0；

②CY 总是清“0”。

例：(A)=50H，(B)=A0H，执行 MUL AB 后结果。

结果：(B)=32H，(A)=00H，(OV)=1。

(2)8 位无符号除法指令。

DIV AB；(A)←(A/B)的(商)

；(B)←(A/B)的(余数)

PSW：①CY、OV，清“0”。

②若(B)=0，OV=1。

例：(A)=2AH，(B)=05H，执行 DIV AB 后结果。

结果：(A)=08H，(B)=02H，(OV)=0

3. 逻辑运算及移位指令

逻辑运算和移位指令共有 24 条，有与、或、异或、求反、左右移位、清 0 等逻辑操作，有直接寻址、寄存器寻址和寄存器间接寻址等寻址方式。这类指令一般不影响 PSW 的标志。

1)与、或、异或运算指令

(1)指令助记符：ANL、ORL、XRL。

(2)操作数：如图 2-2-9 所示。

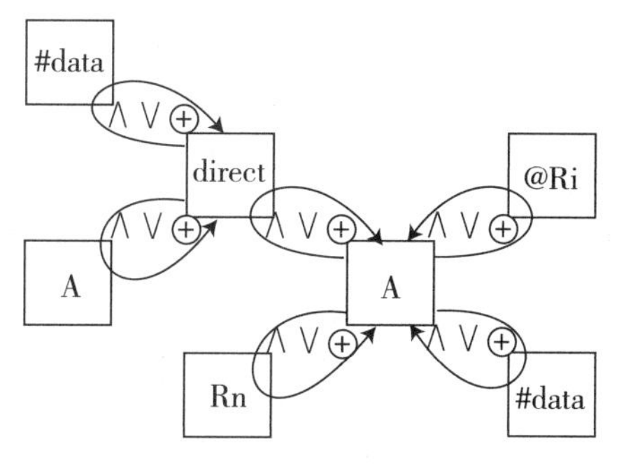

图 2-2-9

(3)指令描述举例。

①逻辑“与”指令(6 条)。

ANL A，Rn；(A)←(A)∧(Rn)

ANL A，direct；(A)←(A)∧(direct)

②逻辑“或”指令(6 条)。

ORLA，@Ri；(A)←(A)∨((Ri))

ORL A，#data；(A)←(A)∨ data

③逻辑“异或”指令(6 条)。

XRL direct，A；(direct)←(direct)⊕(A)

XRL direct，#data；(direct)←(direct)⊕ data

当用于修改输出口(P0～P3)时，direct 指的是输出口锁存器的内容，而不是端口引脚电平。

2)对 A 简单逻辑指令

(1)清零与取反。

CLR A；清 0

CPL A；求反

(2)循环移位指令。

RL A；

RLC A；

RR A；

RRC A；

4. 控制转移类指令

控制转移指令共有17条，用于控制程序的流向，所控制的范围即为程序所在的储器区间。MCS－51系列单片机的控制转移指令比较丰富，有对64 kB程序空间地址单元进行访问的长调用指令和长转移指令，也有对2 kB进行访问的绝对调用指令和绝对转移指令，还有在256 B范围内相对转移指令及其他无条件转移指令，这些指令的执行一般都不会对标志位有影响。

1)无条件转移指令

表2－2－2所示为无条件转移指令。

表2－2－2　无条件转移指令表

名称 指令格式	长转移 LJMP addrlo	短转移 AJMP addrll	相对转移 SJMP re	间接转移 JMP @ A－DPIR
目的地址	(PC)←oddr16	(FC)←(PC)+2； $(FC_{w\sim v}←adcr_{w\sim v}$： $(PC_{w\sim v}$不变	(PC)←(PC)+2； (PC)←(PC)+rel	(PC)－(A)+(DFTR) (无符号数)
指令长度	3字节	2字节	2字节	1字节
机器码	0000 0010 a5～a8 a7～a0	a10a7a80 0001 a7～ac	8011 rel	73H
寻址范围	54 kB	本指令所在地址为加工后的2 kB范围	本指令所在地址加工后为中心的256 B	以DFTR为基地址的256 B范围内

无条件转移应用举例：

(1)1030H：AJMP 100H；机器码为2100H。

目的地址：PC ＝1032H的高5位＋100H的低11位＝00010＋001 0000 0000 ＝1100H.

(2)0000H：AJMP 40H；程序转移到0040H。

(3)1100H：SJMP 21H；目标地址为1123H。

(4)1000H：SJMP NEXT；目的地址NEXT＝1020H，则相对地址rel＝1EH(补码数)。

(5)0060H：SJMP FEH；踏步指令。

目的地址：PC =(PC) + 2 + FEH = 0060H + 2 + FFFEH = 0060H

2)条件转移指令

根据某种条件判断转移的指令，执行时：

条件满足时，转移执行；

条件不满足时，顺序执行。

目的地址：(PC) =(PC) + 指令字节数 2 或 3 + rel。

包括判 A、判 Bit、判 C 三种，共有 7 条：

(1)判 A 转移，2 字节。

JZ rel；条件：(A) =0

JNZ rel；条件：(A)≠0

(2)判 Bit 转移(3 字节)。

JB bit，rel；条件：(bit) =1

JNB bit，rel；条件：(bit) =0

JBC bit，rel；条件：(bit) =1 转移，并清 bit 位

(3)判 C 转移(2 字节)。

JC rel；条件：(C) =1

JNC rel；条件：(C) =0

3)比较不相等转移指令

CJNE A，direct，rel；

CJNE A，#data，rel；

CJNE Rn，#data，rel；

CJNE @Ri，#data，rel；

执行时：

(1)两操作数相等，顺序执行，且 CY =0。

(2)两操作数不相等，转移执行，且对于无符号数若：

第一操作数 < 第二操作数，CY =1，否则 CY 清“0”。

目的地址：(PC) =(PC) + 指令字节数 3 + rel。

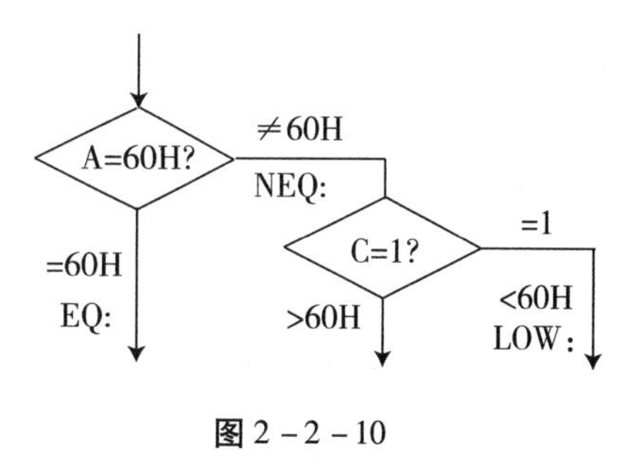

图 2 - 2 - 10

例：图 2 - 2 - 10 所示的比较判断，可利用 CJNE 和 JC 指令来完成。

4)减“1”不为 0 转移指令

减“1”不为 0 转移指令又称循环转移指令，主要用来构成循环结构，有 2 条。

DJNZ Rn，rel；2 字节指令，2 周期指令

DJNZ direct，rel；3 字节指令，2 周期指令

目的地址：(PC) =(PC) + 指令字节数 2 或 3 + rel。

例：利用 DJNZ 指令设计循环延时程序，已知 fosc =12 MHz

(1)单循环延时。

DELAY：MOVR7，#10

DJNZR7， $

$\triangle t=2\ \mu s\times 10+1=21\ \mu s$。

(2)双重循环延时。

DELAY：MOVR7，#0AH

DL：MOVR6，#64H

DJNZ R6， $

DJNZ R7，DL

$\triangle t=(2\ \mu s\times 100+2+1)\times 10+1=2031\ \mu s$。

5)调用指令与返回指令

(1)主程序和子程序结构，如图2－2－11所示。

(2)调用和返回。

子程序是独立于主程序的具有特定功能的程序段，单独编写，能被主程序调用，又能返回主程序。按两者的关系有两种调用情况，多次调用和子程序嵌套。

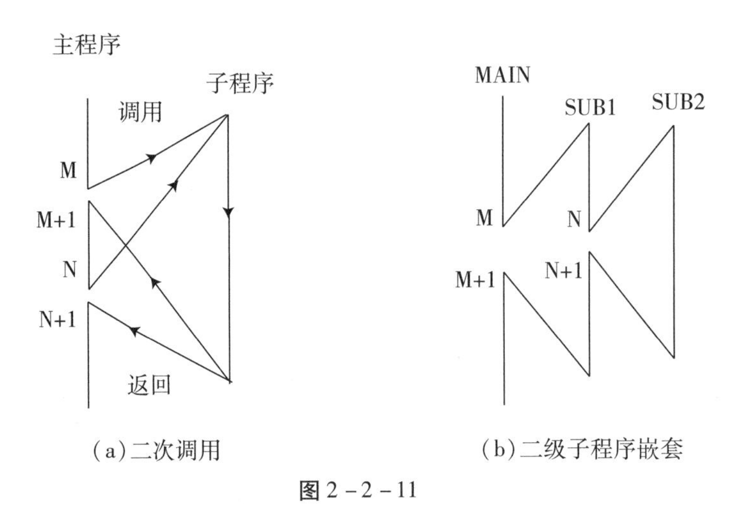

(a)二次调用　　(b)二级子程序嵌套

图2－2－11

(3)堆栈和PC值的保留。

调用子程序时，CPU自动将当前PC值保留在堆栈中，其中高位放在PCH，子程序返回时，自动弹出，送入PC。

(4)现场保护和恢复现场。

现场保护：指将需要保护的单元内容，在子程序开始时，使用压栈指令存放在堆栈中的过程。

恢复现场：指在子程序返回前，通过出栈指令，将被保护内容送回原来的寄存器。

(5)调用与返回指令。

①短调用指令。

ACALL addr11

执行时：

a.（PC）＋ 2 → PC，并压入堆栈，先 PCL，后 PCH；

b. PC15 ~ 11 a10 ~ 0 → PC，获得子程序入口地址；

c. 转移范围同 AJMP。

②长调用指令。

LCALL addr16

执行时：

a.（PC）＋ 3 → PC，并压入堆栈，先 PCL，后 PCH；

b. addr16 → PC，获得子程序起始地址；

c. 可调用 64 kB 地址范围内的任意子程序。

例：已知(SP) =60H，执行下列指令：

①1000H：ACALL　　　　100H

②1000H：LCALL　　　　0800H

结果：

①(SP) =62H，(61H) =02H，(62H) =10H，(PC) =1100H

②(SP) =62H，(61H) =03H，(62H) =10H，(PC) =0800H

5. 位操作指令

MCS－51 系列单片机的硬件结构中有一个位处理器(又称布尔处理器)，布尔处理器的功能是 MCS－51 系列单片机的一个重要特征，这是根据实际应用需要而设置的。布尔变量也即开关变量，它是以位(bit)为单位进行操作的。布尔处理器以进位标志位 CY 作为累加位 C，以内部 RAM 可寻址的 128 个位作为存储位。

布尔处理器 C，可寻址内部 RAM 中的可寻址位(bit =00 ~ FFH)和 SFR 中的可寻址位。

位地址的描述形式：

(1)直接位地址，如 MOC C，70H；

(2)字节地址＋位地址，如 20H. 1、ACC. 4、PSW. 4 等；

(3)位寄存器名称，如 F0、C、RS1、RS0 等；

(4)伪指令定义过的位名称。

注意：

CY——直接地址，是为位寻址；

C ——位寄存器，为寄存器寻址。

例：

CLR CY；机器码 C2 D7H

CLR C；机器码 C3H

1)位传送指令

MOV C，bit

MOV bit，C

例：

MOV C，06H

MOV P1.0，C

2)位变量修改指令

CLR C；(C)←0

CLR bit；(bit)←0

CPL C；(C)←( )

CPL bit；(bit)←( )

SETB C；(C)←1

SETB bit；(bit)←1

例：SETB P1.0

3)位变量逻辑“与”指令

ANLC，bit；(C)←(C)∧(bit)

ANLC，/bit；(C)←(C)∧( )

例：设P1为输入口，P3为输出口，执行程序

MOV C，P1.0

ANL C，P1.1

ANL C，/P1.2

MOV P3.0，C

结果：P3.0=P1.0 ∧ P1.1 ∧ /P1.2。

4)位变量逻辑“或”指令

ORLC，bit；(C)←(C)∨(bit)

ORLC，/bit；(C)←(C)∨(bit)

【学习检测】

1. 写出下面每条指令顺序执行后，各目的存储单元的值，并说明该条指令中源操作数的寻址方式。

MOV R0，#20H；(R0)= ________________

MOV 20H，#29H；(20H)= ______________

CLR C；CY=0 ________________

MOV A，@R0；(A)= ________________

2. 已知(10H)=5AH，(2EH)=1FH，(40H)=2EH，(60H)=3DH，执行下列程序段后：

MOV 20H，60H

MOV R1，20H

MOV A，40H

```
XCH A, R1
XCH A, 60H
XCH A, @R1
MOV R0, #10H
XCHD A, @R0
```

问：(A) = (10H) = (2EH) = (40H) = (60H) = ________。

3. 试编写一程序段，实现将外 RAM 0FAH 单元中的内容传送到外 RAM 04FFH 单元中。

项目三　单片机 I/O 口的应用

【引　入】

近年来随着科技的发展，单片机的应用越来越广泛和深入，同时带动传统控制检测不断地更新。在实时检测和自动控制的单片机应用系统中，单片机往往是作为一个核心部件来使用。通过以上学习，大家已了解了单片机的基本知识，我们已知道单片机的使用，应根据具体硬件结构，以及针对具体应用对象的软件结合，加以完善。本项目通过两个任务，介绍如何应用这些基本知识去处理单片机 I/O 口的基本应用。

【技能要求】

1. 掌握 I/O 端口的应用
2. 学习延时子程序的编写和使用
3. 了解音频发声原理

任务一　8 位流水灯的单片机控制

【任务目标】

1. 学习 P1 口的使用方法
2. 学习延时子程序的编写和使用
3. 学会并应用 RR、RL 等基本指令

【任务描述】

本任务要求应用 AT89C51 芯片，用 P1 口做输出口，控制 8 个发光二极管(实验板中即八位逻辑电平显示模块)，利用程序功能使发光二极管从右到左轮流循环点亮，呈现流水灯的效果。设计单片机控制电路并编程实现此功能。

【任务分析】

流水灯是一串按一定的规律像流水一样连续闪亮的 LED 灯。本任务中的流水灯由连续的 8 盏 LED 灯组成(在实验板中即八位逻辑电平显示模块)，用单片机的 P1 口连接 8 盏 LED 灯，由 P1 口各引脚输出的电位变化来控制发光二极管的亮灭。P1 口各引脚的电位变化及控制哪个 LED 灯可以通过指令来控制。为了清楚地分辨发光二极管的点亮与熄灭情况，可编写延时程序，使 P1 口输出信号由一种状态向另一种状态变化，实现一定的时间间隔。

【任务实施】

流水灯的基本要求：设计一个 8 盏 LED 灯的流水灯，应用 AT89C51 实验开发板的定时功能及控制指令实现电路开启后，LED 在时钟信号作用下按一定规律从 D0 ~ D7，每隔一段时间顺序循环点亮。

一、硬件设计

1. 设计思路

根据任务要求，在 AT89C51 芯片及基本外围电路组成的单片机最小系统的基础上，利用 P1 口的 8 个引脚控制 8 盏 LED 灯。在单片机信号灯的控制这个任务中已经介绍了 LED 灯的单向导电性，根据发光二极管的特性，结合 P1 口的输出信号，即可实现流水灯的控制效果。

2. 电路设计

P1 口是 51 系列单片机中 4 个并行 I/O 口中的其中一个(其功能在项目一任务二中已做了详细介绍)，它是一个准双向口，每一位均可独立定义为输入/输出口。当作为输出口时，内部数据(0 或 1)通过内部总线在写脉冲的控制下写入锁存器，再根据不同的数据使得后续 V 的截止或导通，输出相应的数值(0 或 1)。

在本项目中，使 AT89C51 单片机芯片的 P1 口作为输出口，直接连接实验板中的八位逻辑显示模块来控制 8 个发光二极管的亮灭。

综合以上分析，得到图 3 - 1 - 1 所示的单片机流水灯控制的原理图。图中 74LS573 是一个 8 数据锁存器，主要用于数码管、按键等的控制。在使用时，若将使能端置 1，此时输出数据和输入数据一致；若将输出的数据锁定，防止失误操作，可将使能端清 0，此时，输出端保持原有值，不再变化。

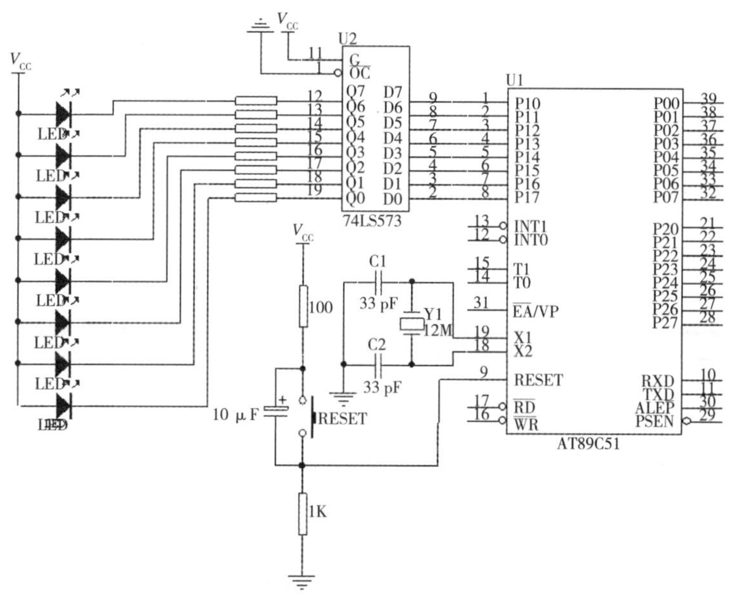

图 3 - 1 - 1　流水灯控制原理图

在设计电路时，发光二极管的连接方法有两种，共阳极接法[图 3－1－2(b)]：即将 8 盏 LED 灯的阳极连接在一起，受阴极信号的控制。共阴极接法[图 3－1－2(a)]：即将 8 盏 LED 灯的阴极连接在一起，受阳极信号的控制。

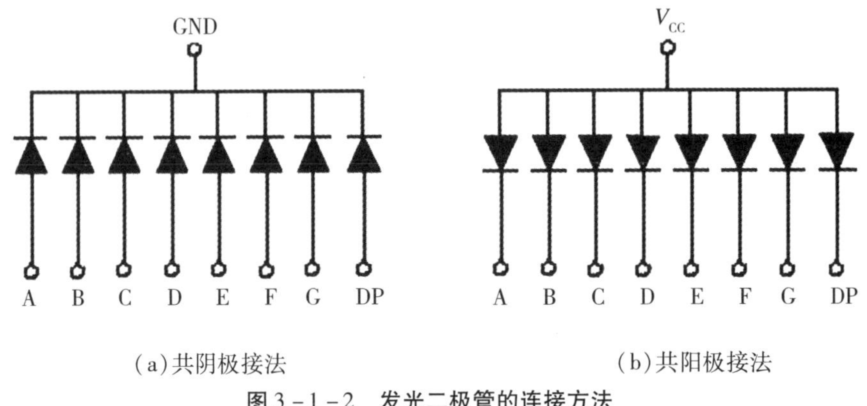

(a)共阴极接法　　(b)共阳极接法

图 3－1－2　发光二极管的连接方法

二、软件程序设计

1. 绘制程序流程图

本控制使用简单程序设计中的循环结构形式来实现，控制程序流程图如图 3－1－3 所示。

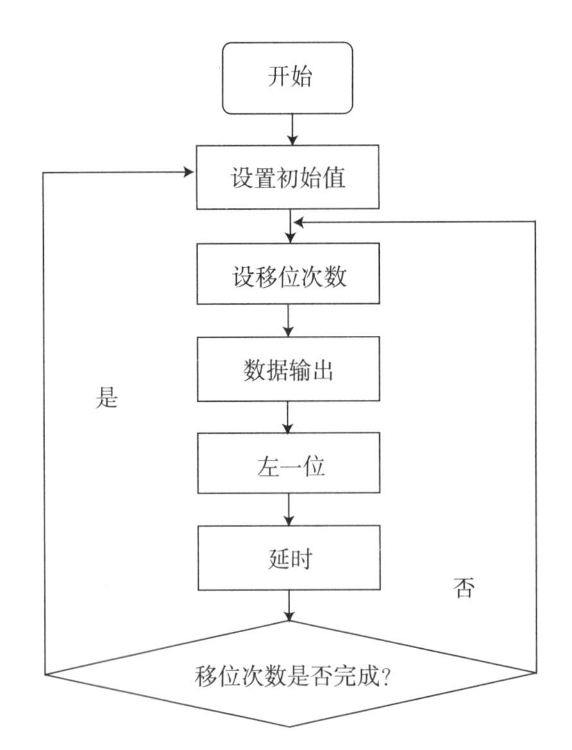

图 3－1－3　流水灯控制程序流程图

2. 汇编源程序的设计

参考程序如下：

```
ORG 0000H
LJMP START
ORG 0030H
START：MOV A，#0FEH
MOV R5，#8
OUTPUT：MOV 于 P1，A
         RL A
         CALL DELAY
         DJNZ R5，OUTPUT
         LJMP START
DELAY：MOV R6，#0
        MOV R7，#0
DELAYLOOP：                    ；延时子程序
DJNZ R7，DELAYLOOP
DJNZ R6，DELAYLOOP
RET
END
```

三、程序的在线仿真与调试

(1)根据所设计的原理图将实验板上相应的模块进行连接。

使用单片机最小应用系统模块(图3－1－4)，关闭该模块电源，用扁平数据线连接单片机P1口与八位逻辑电平显示模块(图3－1－5)。

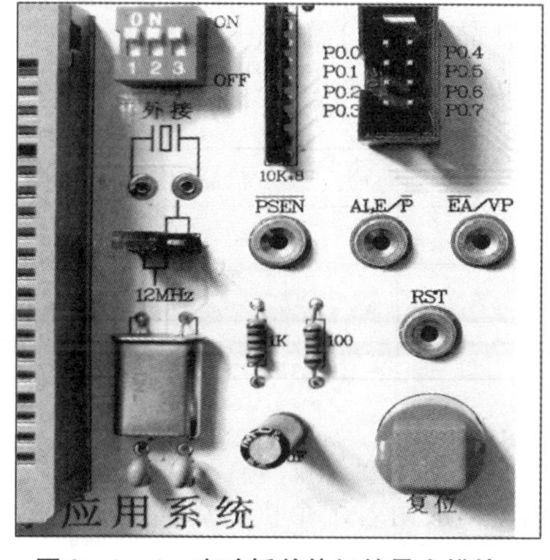

图3－1－4　实验板单片机的最小模块

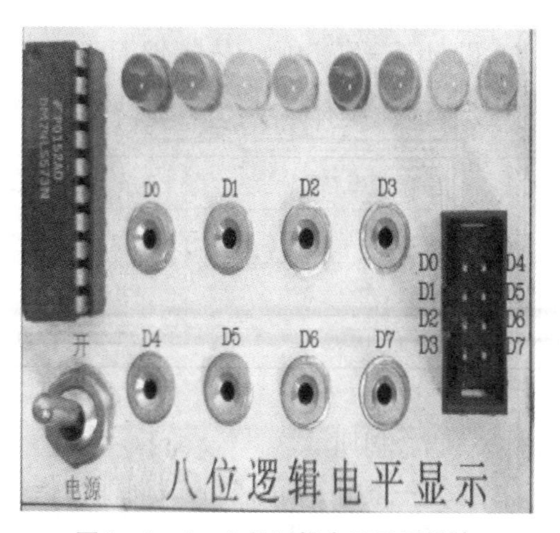

图3－1－5　八位逻辑电平显示模块

(2)用串行数据通信线连接单片机与仿真器。

把仿真器插到模块的锁紧插座中，请注意仿真器的方向：缺口朝上。

(3)打开 Keil uVision4 仿真软件，首先建立本实验的项目文件，然后输入源程序，进行编译，直到编译无误。

(4)进行软件设置，选择硬件仿真，选择串行口，设置波特率为 115200。

(5)打开模块电源和总电源，点击开始调试按钮，点击 RUN 按钮运行程序，观察发光二极管的显示情况。观察发现发光二极管单只从左到右轮流循环点亮。

【巩固练习】

1. 请修改以上程序，实现 8 位 LED 灯从右至左的依次点亮。

2. 设计单片机控制系统，实现用 P1.0、P1.1 引脚作为输入端连接两个拔断开关，P1.2、P1.3 引脚作为输出端连接两个发光二极管。程序读取开关状态，并在发光二极管上显示出来。

【知识点链接】

延时子程序的编写

一、关于单片机周期的几个概念

1)时钟周期

时钟周期也称振荡周期，定义为时钟脉冲的倒数(可以这样来理解，时钟周期就是单片机外接晶振的倒数，如 12 MHz 的晶振，它的时间周期就是 1/12 μs)，是计算机中最基本的、最小的时间单位。

在一个时钟周期内，CPU 仅完成一个最基本的动作。

2)机器周期

完成一个基本操作所需要的时间称为机器周期。

以 MCS－51 为例，晶振 12 MHz，时钟周期(晶振周期)就是(1/12) μs，一个机器周期包含 12 个时钟周期，一个机器周期就是 1 μs。

晶振频率/MHz	时钟周期/μs	机器周期/μs
12	1/12	1
6	1/6	2
11.0592	1/11.0592	≈1.085

3)指令周期

执行一条指令所需要的时间即为指令周期，一般由若干个机器周期组成。指令不同，所需的指令周期也不同。

对于一些简单的单字节指令，在取指令周期中，指令取出到指令寄存器后，立即译码执行，不再需要其他的机器周期。对于一些比较复杂的指令，如转移指令、乘法指令，则需要两个或者两个以上的机器周期。

延时常用指令的机器周期如表 3－1－2 所示。

表 3－1－2　延时常用指令的机器周期表

指令功能	助记符	时钟周期/μs	机器周期/μs
立即数送寄存器	MOV Rn，#data	12	1
立即数送直接字节	MOV　direct，#data	24	2
空操作	NOP	12	1
子程序调用返回	RET	24	2
寄存器减 1，不为零则相对转移	DJNZ Rn，rel	24	2
直接字节减 1，不为零则相对转移	DJNZ　direct，rel	24	2

二、DJNZ 指令详解

1. 指令含义

DJNZ：减 1 条件转移指令。这是一组把减 1 与条件转移两种功能结合在一起的指令，共 2 条。

DJNZ Rn，rel；Rn←(Rn)－1

；若(Rn)＝0，则 PC←(PC)＋2，顺序执行

；若(Rn)≠0，则 PC←(PC)＋2＋rel；转移到 rel 所在位置

DJNZ　direct，rel；direct←(direct)－1

；若(direct)＝0，则 PC←(PC)＋3；顺序执行

；若(direct)≠0，则 PC←(PC)＋3＋rel；转移到 rel 所在位置

2. DJNZ　Rn，rel 指令详解

例：

MOV R7，#5

DEL：DJNZ R7，DEL；rel 在本例中指标号 DEL

表 3－1－3

步　骤	执行指令	R7 的值		DJNZ 转移到 DEL/顺序执行
		指令执行前	指令执行后	
1	MOV R7，#5	不确定	5	
2	DEL：DJNZ R7，DEL	5	4	转移到 DEL
3	DEL：DJNZ R7，DEL	4	3	转移到 DEL
4	DEL：DJNZ R7，DEL	3	2	转移到 DEL
5	DEL：DJNZ R7，DEL	2	1	转移到 DEL
6	DEL：DJNZ R7，DEL	1	0	顺序执行，循环结束

三、51 单片机延时时间的计算方法和延时程序设计

1. 单层循环

由上例可知，Rn 赋值为几，循环就执行几次，上例执行 5 次，因此本例执行的机器周期个数 =1(MOV R7，#5) +2(DJNZ R7，DEL) ×5 =11。以 12 MHz 的晶振为例，执行时间(延时时间) = 机器周期个数 ×1 μs =11 μs，当设定立即数为 0 时，循环程序最多执行 256 次，即延时时间最多 256 μs。

2. 双层循环

1)格式

DELL：MOV R7，#bb

DELL1：MOV R6，#aa

DELL2：DJNZ R6，DELL2；rel 在本句中指标号 DELL2

DJNZ R7，DELL1；rel 在本句中指标号 DELL1

注意：循环的格式，写错很容易变成死循环，格式中的 Rn 和标号可随意指定。

2)执行过程

例：假设上述循环 bb =3，aa =4。

表 3 -1 -4　执行过程

<table>
<tr><th rowspan="2">外部循环</th><th rowspan="2">内部循环</th><th rowspan="2">执行指令</th><th colspan="2">Rn 的值</th><th rowspan="2">DJNZ 转移到 DEL/顺序执行</th></tr>
<tr><th>指令执行前</th><th>指令执行后</th></tr>
<tr><td></td><td></td><td>DELL：MOV R7，#3</td><td>R7 不确定</td><td>(R7) =3</td><td></td></tr>
<tr><td rowspan="6">外部循环第一次</td><td></td><td>DELL1：MOV R6，#4</td><td>R6 不确定</td><td>(R6) =4</td><td></td></tr>
<tr><td rowspan="4">内部循环 4 次</td><td>DELL2：DJNZ R6，DELL2</td><td>(R6) =4</td><td>(R6) =3</td><td>转移到 DELL2</td></tr>
<tr><td>DELL2：DJNZ R6，DELL2</td><td>(R6) =3</td><td>(R6) =2</td><td>转移到 DELL2</td></tr>
<tr><td>DELL2：DJNZ R6，DELL2</td><td>(R6) =2</td><td>(R6) =1</td><td>转移到 DELL2</td></tr>
<tr><td>DELL2：DJNZ R6，DELL2</td><td>(R6) =1</td><td>(R6) =0</td><td>顺序执行，当前循环结束</td></tr>
<tr><td></td><td>DJNZ R7，DELL1</td><td>(R7) =3</td><td>(R7) =2</td><td>转移到 DELL1</td></tr>
</table>

续　表

外部循环	内部循环	执行指令	Rn 的值		DJNZ 转移到 DEL/顺序执行
			指令执行前	指令执行后	
外部循环第二次		DELL1：MOV R6，#4	(R6)=0	(R6)=4	
	内部循环 4 次	DELL2：DJNZ R6，DELL2	(R6)=4	(R6)=3	转移到 DELL2
		DELL2：DJNZ R6，DELL2	(R6)=3	(R6)=2	转移到 DELL2
		DELL2：DJNZ R6，DELL2	(R6)=2	(R6)=1	转移到 DELL2
		DELL2：DJNZ R6，DELL2	(R6)=1	(R6)=0	顺序执行，当前循环结束
		DJNZ R7，DELL1	(R7)=2	(R7)=1	转移到 DELL1
外部循环第三次		DELL1：MOV R6，#4	(R6)=0	(R6)=4	
	内部循环 4 次	DELL2：DJNZ R6，DELL2	(R6)=4	(R6)=3	转移到 DELL2
		DELL2：DJNZ R6，DELL2	(R6)=3	(R6)=2	转移到 DELL2
		DELL2：DJNZ R6，DELL2	(R6)=2	(R6)=1	转移到 DELL2
		DELL2：DJNZ R6，DELL2	(R6)=1	(R6)=0	顺序执行，当前循环结束
		DJNZ R7，DELL1	(R7)=1	(R7)=0	顺序执行，当前循环结束

3）延时时间计算

由上表 3－1－4 可知，本循环可以分成内部循环与外部循环两部分。

内部循环包括：DELL2：DJNZ R6，DELL2，计算机器周期个数＝2(DELL2：DJNZ R6，DELL2)×4＝8。

外部循环包括：DELL1：MOV R6，#4 执行一次，DELL2：DJNZ R6，DELL2 执行 4 次，DJNZ R7，DELL1 执行一次。机器周期的计算与单层循环相同，计算机器周期个数＝1(DELL1：MOV R6，#4)＋2(DELL2：DJNZ R6，DELL2)×4＋2(DJNZ R7，DELL1)＝11。

总机器周期个数＝外部循环×3＋1(DELL：MOV R7，#3)＝34

因此，双层循环的总机器周期个数＝1(DELL：MOV R7，#bb)＋bb[1(DELL1：MOV R6，#aa)＋2(DELL2：DJNZ R6，DELL2)×aa＋2(DJNZ R7，DELL1)]＝1＋bb(3＋2aa)。当 aa 比较大时，如果计算精度要求不高，可以忽略(3＋2aa)中的 3，同理可忽略 1＋bb(3＋2aa)中的 1，此时双层循环的总机器周期个数≈2aa×bb。以机器周期为 1 μs 为例，延时时间≈2aa×bb×1 μs，当 aa 和 bb 都取 0 时，延时时间最多≈2×256×256×1 μs＝0.13s。

4)延时程序设计

设计延时程序时，只要计算出 aa 和 bb 即可。为了使精度高一些，将 aa 的值尽量变大，(3 +2aa)中 3 的作用才会减少。

例 1：50ms 的延时程序设计(机器周期为 1 μs)：

50ms = 50000 μs = 2aa × bb × 1 μs = 2 × 250 × 100 × 1 μs

则延时程序为：

```
DELL：MOV R7，#100
DELL1：MOV R6，#250
DELL2：DJNZ R6，DELL2；rel 在本句中指标号 DELL2
       DJNZ R7，DELL1；rel 在本句中指标号 DELL1
```

例 2：0.1 s 的延时程序设计(机器周期为 1 μs)：

0.1 s = 100000 μs = 2aa × bb × 1 μs = 2 × 250 × 200 × 1 μs

则延时程序为：

```
DELL：MOV R7，#200
DELL1：MOV R6，#250
DELL2：DJNZ R6，DELL2；rel 在本句中指标号 DELL2
       DJNZ R7，DELL1；rel 在本句中指标号 DELL1
```

【学习检测】

本实验的延时子程序：

```
DELAY：MOV R6，0
       MOV R7，0
DELAYLOOP：DJNZ R6，DELAYLOOP
           DJNZ R7，DELAYLOOP
           RET
```

如果使用 12 MHz 晶振，粗略计算此程序的执行时间为多少。

任务二　音频的单片机控制

【任务目标】

通过单片机控制蜂鸣器鸣叫，学会分析单片机最小系统的电路结构及各部分的功能，初步学习汇编程序的分析方法，并能熟练运用 MOV、LJMP、SETB、CPL、DJNZ、LCALL、RET 基本指令。

【任务描述】

要求应用 AT89C51 芯片，控制一支蜂鸣器发声。设计单片机控制电路并编程实现此操作。

【任务分析】

本实验是利用80C51端口输出脉冲方波，方波经放大滤波后，驱动扬声器发声，声音的频率高低由延时时间长短控制。由P1.0输出音频信号接音频驱动电路，使扬声器周期性地发声。

【任务实施】

一、硬件设计

1. 设计思路

使用AT89C51单片机芯片外加振荡电路、复位电路、控制电路、电源，组成单片机最小系统。

对于电磁式蜂鸣器，其发声原理是电流通过电磁线圈，使电磁线圈产生磁场来驱动振动膜发声，因此需要一定的电流才能驱动。单片机P1.0引脚输出电流较小时，单片机输出的TTL电平基本上驱动不了蜂鸣器，因此需要增加一个电流放大的电路——三极管进行电流放大。利用蜂鸣器的工作特点，结合单片机P1口P1.0引脚输出信号的状态，可以实现蜂鸣器的单片机控制。

2. 电路设计

蜂鸣器的正极经电阻接三极管的发射极，三极管的基极经过限流电阻后由单片机的P1.0引脚来控制。当P1.0输出高电平时，三极管截止，没有电流流过线圈，蜂鸣器不发声；当P1.0输出低电平时，三极管导通，蜂鸣器的电流形成回路，蜂鸣器发声鸣叫。

综合上述分析，得到图3-2-1所示的音频控制的原理图。

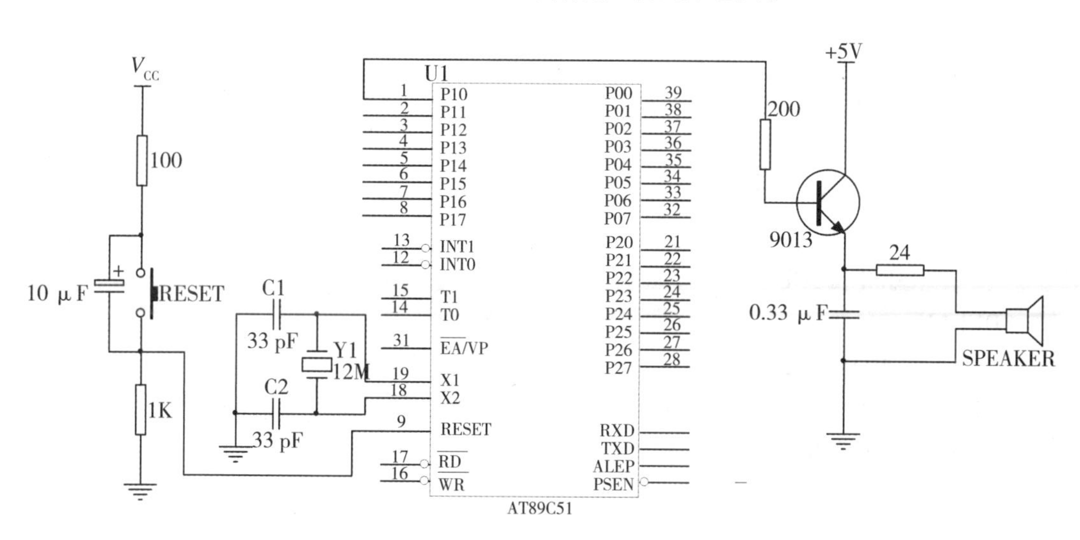

图3-2-1　单片机音频控制的原理图

二、软件程序设计

1. 绘制程序流程图

图 3－2－2 所示为音频控制程疗流程图。

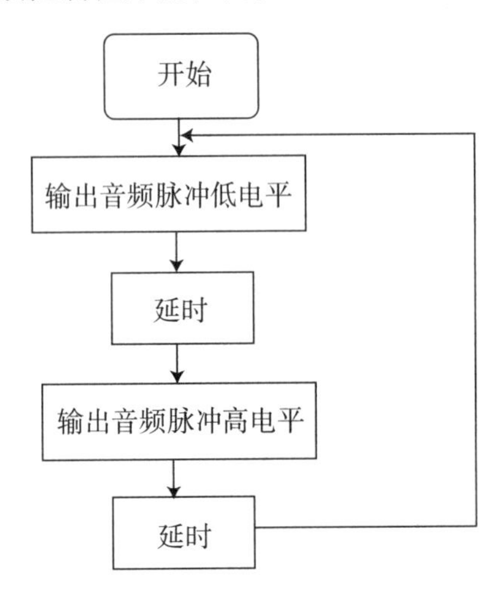

图 3－2－2　音频控制程序流程图

2. 汇编源程序的设计

参考程序如下：

```
OUTPUT BIT P1.0；P1.0 端口
ORG   0000H
        LJMP LOOP
        ORG 0030H
LOOP：CLR C
         MOV OUTPUT，C
         CALL DELAY
         SETB C
         MOV OUTPUT，C
         CALL DELAY
         SJMP LOOP
DELAY：                              ；延时子程序
            MOV R6，#05H
A1：MOV R7，#0FFH
DLOOP：DJNZ R7，DLOOP
            DJNZ R6，A1
            RET
END
```

四、程序的在线仿真与调试

(1)根据所设计的原理图将实验板上相应的模块进行连接。

使用单片机最小应用系统模块(图 3-2-3)，关闭该模块电源，用扁平数据线连接单片机 P1 口与八位逻辑电平显示模块(图 3-2-4)。

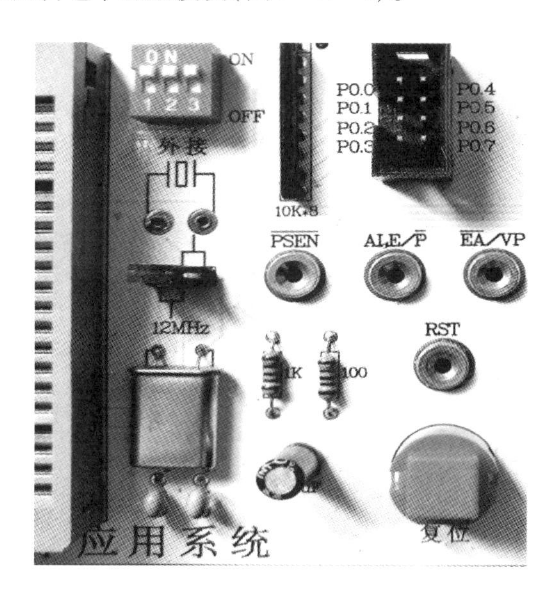

图 3-2-3　实验板单片机的最小模块

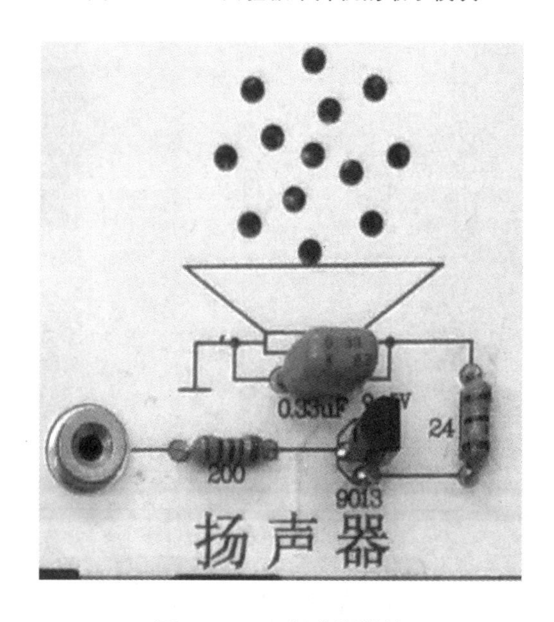

图 3-2-4　扬声器模块

(2)用串行数据通信线连接单片机与仿真器。

把仿真器插到模块的锁紧插座中，请注意仿真器的方向：缺口朝上。

(3)打开 Keil uVision4 仿真软件，首先建立本实验的项目文件，然后输入源程序，进行编译，直到编译无误。

(4)进行软件设置，选择硬件仿真，然后选择串行口，设置波特率为115200。

(5)打开模块电源和总电源，再点击开始调试按钮，点击RUN按钮运行程序，扬声器周期性地发出单频声音。

【巩固练习】

本实验只给出发出单频率声音的程序，请学习者思考，怎样修改程序，可以让扬声器发出不同频率、不同长短的声音。

项目四　单片机中断应用

【引　入】

前期的单片机系统中并没有引入中断(interupt)机制，随着工业技术的发展，在一些实时控制系统中，要求单片机能够快速、自动地处理一些突发事件，中断技术随之产生。

【技能要求】

1. 了解单片机的中断原理
2. 掌握单片机中断源和中断控制寄存器
3. 根据任务要求，能够描述本实验的中断处理过程
4. 查阅相关资料，读懂源程序内容，根据源程序和流程图独立完成实验

任务一　外部中断应用

——按键控制 LED 的亮灭

【任务目标】

1. 掌握外部中断技术的基本使用方法
2. 掌握中断处理程序的编写方法

【任务描述】

设计单片机控制系统，应用 AT89C51 芯片设计硬件电路，并利用单片机的中断方式编写源程序。根据原理图完成相关接线，运行程序，连续按动单次脉冲产生电路的按键，使发光二极管每按一次状态取反，即按一下点亮，再按一下熄灭。

【任务分析】

中断是计算机中一项重要的技术，有了中断技术才使计算机的工作更加灵活，效率更高，51 系列单片机有 5 个中断源。在本任务中，要利用单片机的外部中断 0 方式，在单片机的 P3.2 口接按键作为输入，P1.0 口接 LED 灯作为输出。发光二极管每按一次状态取反，即按键按一下点亮，再按一下熄灭。

【任务实施】

一、硬件设计

1. 设计思路

本任务要利用单片机的外部中断方式来完成控制，51 系列的单片机有两个外部中断源，分别是：外部中断 0(INT0)即 P3.2 口、外部中断 1(INT1)即 P3.3 接口。使用 AT89C51 单片机芯片，外加振荡电路、复位电路、控制电路、电源，组成一个单片机最小系统。

2. 电路设计

根据要求，本任务使用外部中断 0 即在单片机的 P3.2 口上接一按键，在 P1.0 口上接 LED 灯。

综合上述分析，得到图 4－1－1 所示的按键控制 LED 灯的原理图

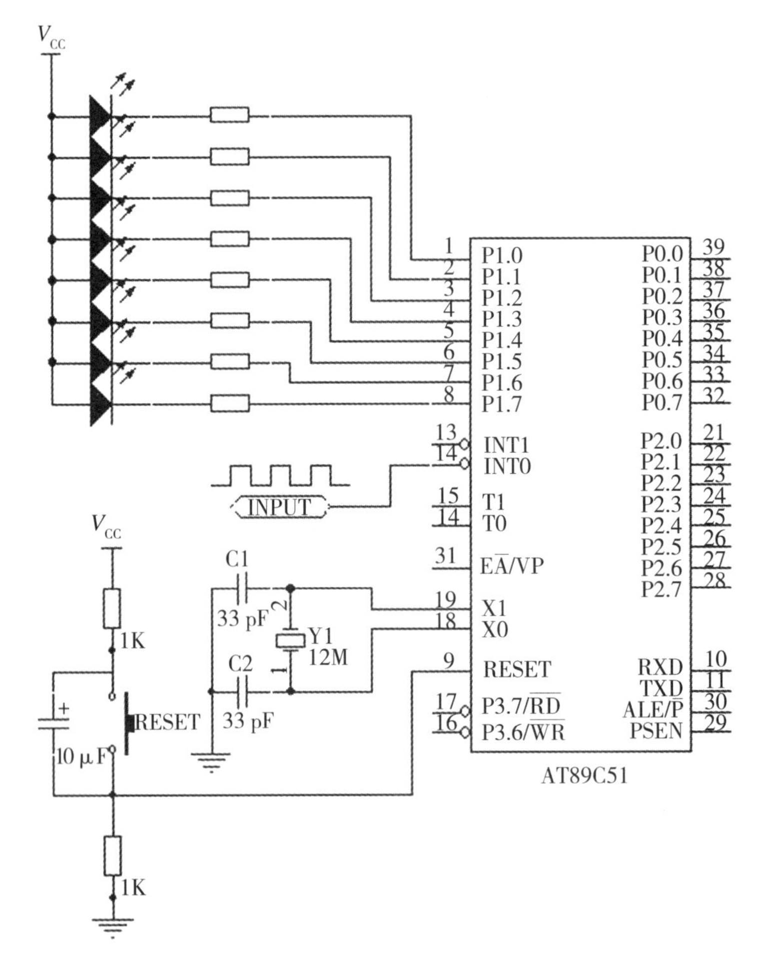

图 4－1－1　按键控制 LED 灯原理图

二、软件程序设计

1. 绘制程序流程图

图 4 –1 –2 所示为外部中断子程序框图，图 4 –1 –3 所示为主程序框图。

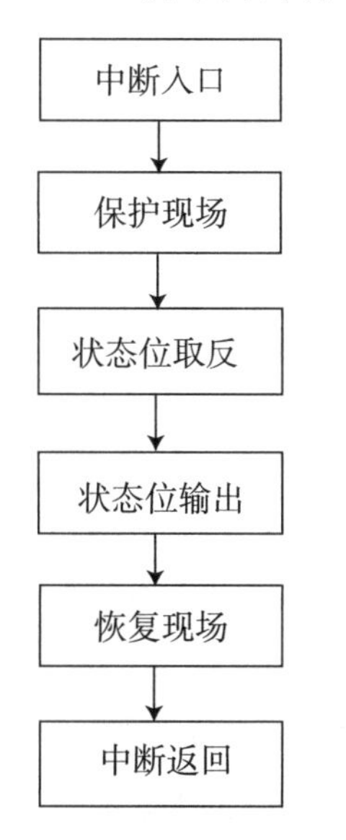

图 4 –1 –2　外部中断子程序框图

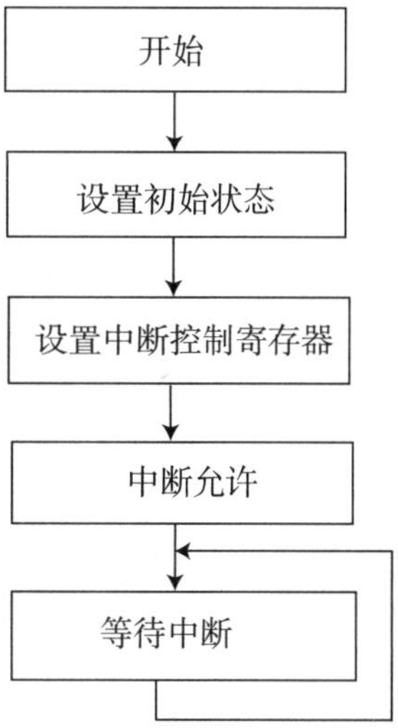

开始
设置初始状态
设置中断控制寄存器
中断允许
等待中断

图 4 –1 –3　主程序框图

2. 汇编源程序的设计

参考程序如下：

```
LED       BIT       P 1.0
LEDBUF    BIT       0
ORG       0000H
LJMP      START                ；跳至主程序
ORG       000BH
LJMP      INTERRUPT            ；跳子程序
ORG       0030H
INTERRUPT：
PUSH      PSW                  ；保护现场
CPL       LEDBUF               ；LED 取反
MOV       C，LEDBUF
MOV       LED，C
POP       PSW                  ；恢复现场
RET1
START：CLR   LEDBUF
CLR       LED
MOV       TCON，#01H           ；外部中断 0 下降沿触发
```

```
    MOV      IE, #81H          ; 打开 EX0 及 EA
    LJMP     $
    END
```

三、程序的在线仿真与调试

(1)根据所设计的原理图将实验板上的相应模块进行连接。

使用单片机最小应用系统模块(图 4－1－5)。关闭该模块电源，用数据线将单片机 P1.0 口与八位逻辑电平显示模块(图 4－1－5)相连，将 P3.2 口与按键模块相连。

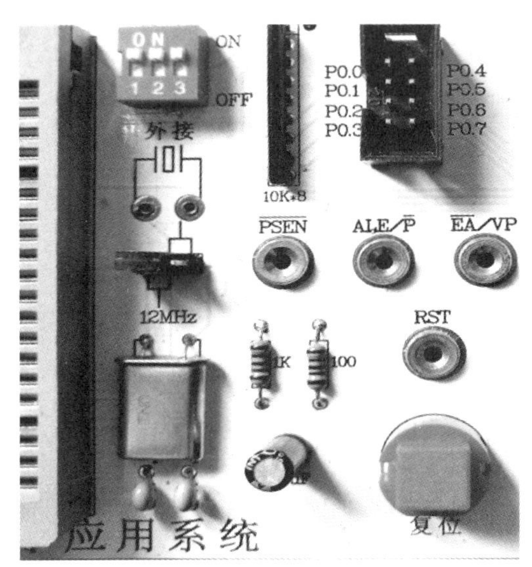

图 4－1－4　实验板单片机的最小模块

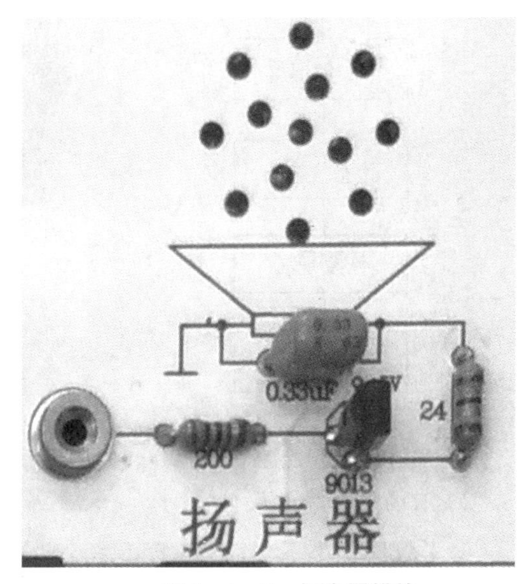

图 4－1－5　扬声器模块

(2)用串行数据通信线连接单片机与仿真器。

把仿真器插到模块的锁紧插座中，请注意仿真器的方向：缺口朝上。

(3)打开 Keil uVision4 仿真软件，首先建立本实验的项目文件，然后输入源程序，进行编译，直到编译无误。

(4)进行软件设置，选择硬件仿真，再选择串行口，设置波特率为 115200。

(5)单击　按钮，运行源程序，在弹出的界面单击 RUN 运行　，下载源程序，连续按动单次脉冲产生电路的按键，发光二极管每按一次状态取反，即隔一次点亮。

【巩固练习】

(1)如何将 LED 的状态间隔改为 2 s？程序如何改写？

(2)如果更换不同频率的晶振，那么会出现什么现象？如何调整程序？

【知识点链接】

一、中断基础

1. 中断的基本原理

生活中我们经常会遇到这样的事情，正在书房看书的时候，厨房里烧的水开了，接下来我们会将书签放置到读到的位置上，然后去厨房处理开水，回到书房时再从夹书签的位置开始继续阅读。

与生活中的“中断”现象相似，单片机的中断是指正常执行某程序过程中，由于内部或外部的突发事件，CPU 暂停执行此程序而转去处理突发事件(即执行突发事件的中断服务程序)，事件处理结束后再返回主程序断点处(被中断的下一条指令)继续执行。中断处理过程如图 4-1-6 所示。

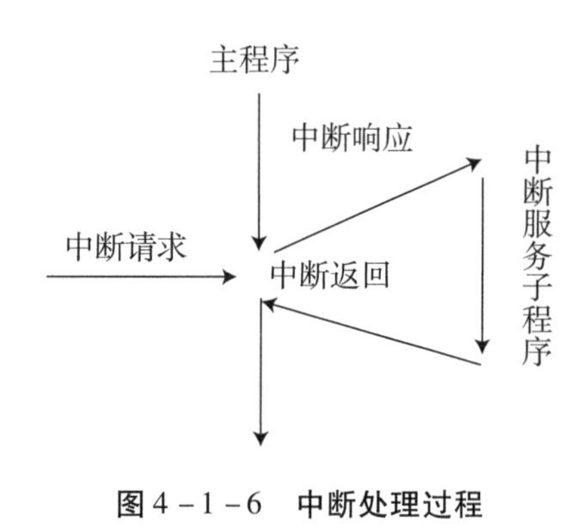

图 4-1-6　中断处理过程

2. 中断的好处

采用中断技术可以提高单片机的性能，主要表现在以下方面：

(1)实现分时操作。只有当服务对象向 CPU 发出中断申请时，单片机才去为它服务，这样单片机可以同时为多个对象服务，从而大大提高工作效率。

(2)实现实时处理。利用中断技术，各个服务对象可以根据需要随时向 CPU 发出中断申请，及时发现和处理中断请求并为之服务，以满足实时控制的要求。

(3)进行故障处理。发生难以预料的情况或故障时，如突然断电、存储出错、运算溢出等，系统及时发出请求中断，由 CPU 快速做出相应的处理，可以提高系统自身的可靠性。

3. 中断源

向 CPU 发出中断请求的信号称为中断源。MCS-51 系列单片机中有 5 个中断源，其中 2 个外部中断源，3 个内部中断源，具体如下：

(1)INT0：外部中断，由引脚 P3.2 引入中断请求。

(2)INT1：外部中断，由引脚 P3.3 引入中断请求。

(3)定时计数器 T0：内部中断，定时计数器 0 溢出时发出中断请求。

(4)定时计数器 T1：内部中断，定时计数器 1 溢出时发出中断请求。

(5)串行口中断：内部中断，包括串行接收中断 R1 和串行发送中断 T1。

4. 中断控制寄存器

MCS－51 系列单片机的中断系统结构图如图 4－1－7 所示。

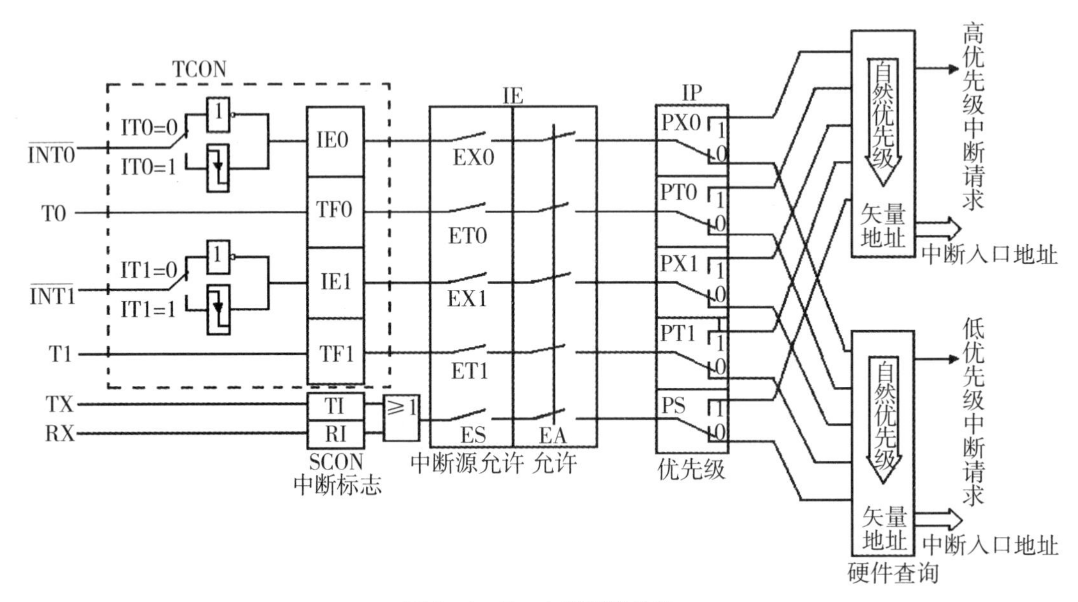

图 4－1－7　中断系统结构

由图 4－1－7 可以看出，中断系统涉及 TCON、SCON、IE 以及 IP 四个特殊功能寄存器，它们主要有以下功能：

(1)锁存中断请求标志：TCON 和 SCON 锁存各中断源的中断请求标志位。

(2)中断允许寄存器 IE：控制 CPU 是否响应中断源的请求。

(3)中断优先级寄存器 IP：设置各中断源的优先级，每个中断源可编程为高优先级中断或低优先级中断。

1)TCON 中的中断标志位

TCON 的字节地址为 88H，可进行位寻址，其具体的结构、位名称、位地址以及功能如表 4－1－1 所示。

表 4－1－1　TCON 的结构、位名称、位地址以及功能

TCON	D7	D6	D5	D4	D3	D2	D1	D0
位名称	TF1	TR1	TF0	TR0	IE1	IT1	IE0	IT0
位地址	8FH	8EH	8DH	8CH	8BH	8AH	89H	88H
功能	用于定时/计数器				用于中断			

(1)IT0(D0 位)：外部中断 $\overline{\text{INT0}}$ 的触发方式控制位，由软件进行置“1”和清“0”设置。

IT0 =1 时，为边沿触发方式(即当引脚 P3.2 出现下降沿脉冲信号时，中断请求有效)；

IT0 =0 时，为电平触发方式(即当引脚 P3.2 为低电平信号时，中断请求有效)。

(2)IE0(D1 位)：外部中断$\overline{INT0}$的请求标志位。当 CPU 检测到外部中断请求时，该标志位置“1”，当 CPU 转向中断处理子程序时，由硬件自动清“0”(只适用于边沿触发方式)。

(3)IT1(D2 位)和 IE1(D3 位)：外部中断$\overline{INT1}$的触发方式控制位和请求标志位，其含义与 IT0 和 IE0 相同。

(4)TR0(D4 位)：定时计数器 T0 的启动停止标志位，由用户编程确定。TR0 =1 时，定时器开始计数(即从设定的初值作加 1 计数)；TR0 =0 时，定时器停止。

(5)TF0(D5 位)：定时计数器 T0 的中断溢出标志位。定时器作加 1 计数，当最高位产生进位时，定时器计数溢出，此时，由硬件置位 TF0 =1，CPU 响应中断后，由硬件清“O”，TF0 =0。

(6)TR1(D6 位)和 TF1(D7 位)：定时计数器 T1 的启动停止标志位和中断溢出标志位，其含义与 TR0 和 TF0 相同。

2)SCON 中的中断标志位

SCON 的字节地址为 98H，可进行位寻址，其具体的结构、位名称、位地址以及功能如表 4 -1 -2 所示。

表 4 -1 -2　SCON 的结构、位名称、位地址以及功能

SCON	D7	D6	D5	D4	D3	D2	D1	D0
位名称	SMO	SM1	SM2	REN	TB8	RB8	T1	R1
位地址	9FH	9EH	9DH	9CH	9BH	9AH	99H	98H
功能	用于串行通信						控制串行口中断	

(1)R1：串行口接收中断标志位，当串行口接收到一帧数据时，R1 置 1，CPU 响应中断后，硬件不能自动清除 R1，需要由软件清“0”。

(2)T1：串行口发送中断标志位，当串行口发送一帧数据时，T1 置 1，CPU 响应中断后，硬件不能自动清除 R1，同样需要由软件清“0”。

3)中断允许控制寄存器 IE

IE 控制所有中断源的开放和屏蔽，字节地址为 A8H，可进行位寻址，其具体的结构、位名称、位地址以及控制的相应中断源如表 4 -1 -3 所示。

表 4 -1 -3　IE 的结构、位名称、位地址以及功能

IE	D7	D6	D5	D4	D3	D2	D1	D0
位名称	EA	—	—	ES	ET1	EX1	ET0	EX0
位地址	AFH	AEH	ADH	ACH	ABH	AAH	A9H	A8H
中断源	CPU	—	—	串行口	T1	$\overline{INT1}$	T0	$\overline{INT0}$

(1)EX0：外部中断$\overline{\text{INT0}}$的中断允许控制位。EX0 = 1 时，$\overline{\text{INT0}}$开中断；EX0 = 0 时，$\overline{\text{INT0}}$关中断。

(2)ET0：定时计数器 T0 中断允许控制位。ET0 = 1 时，T0 开中断；ET0 = 0 时，T0 关中断。

(3)EX1：外部中断$\overline{\text{INT1}}$的中断允许控制位。EX1 = 1 时，$\overline{\text{INT1}}$开中断；EX1 = 0 时，INT1 关中断。

(4)ET1：定时计数器 T1 中断允许控制位。ET0 = 1 时，T1 开中断；ET0 = 0 时，T1 关中断。

(5)ES：串行口中断允许控制位。ES = 1 时，串行口开中断；ES = 0 时，串行口关中断。

(6)EA：CPU 中断允许控制位。EA = 1 时，CPU 全部开中断；EA = 0 时，CPU 全部关中断。

4)中断优先级控制寄存器 IP

MCS - 51 单片机有两个中断优先级，中断优先级控制寄存器 IP 用来定义每个中断源的中断优先级。IP 的状态由用户设定，某位为 1，则相应的中断源处于高优先级中断；某位为 0，则相应的中断源处于低优先级中断。

IP 的结构、位名称、位地址以及控制的中断源如表 4 - 1 - 4 所示。

表 4 - 1 - 4　IP 的结构、位名称、位地址以及功能

IP	D7	D6	D5	D4	D3	D2	D1	D0
位名称	—	—	—	PS	PT1	PX1	PT0	PX0
位地址	BFH	BEH	BDH	BCH	BBH	BAH	B9H	B8H
中断源	—	—	—	串行口	T1	INT1	T0	INT0

二、中断处理过程

中断处理过程如图 4 - 1 - 7 所示。在单片机工作时，在每个机器周期中单片机都会去查询各个中断标记位，如果某位是“1”，则说明有中断请求了；接下来单片机需要判断中断请求是否满足响应条件；如果满足响应条件，CPU 将进行相应的中断处理；中断处理完毕，进行中断返回，继续执行指令。如果本次查询中没有中断请求或中断请求不能满足响应条件，CPU 将继续执行原来的指令操作。

1. 中断响应

CPU 检测到中断请求后，需要判断此中断请求是否满足响应条件，中断响应条件如下：

(1)CPU 开中断，申请中断请求的中断源开中断。

(2)没有响应同级别或更高级别的中断。

(3)当前处在所执行指令的最后一个周期。单片机有单周期指令、双周期指令、三周期指令和两个四周期指令。如果正在执行的是多字节指令，需要等整条指令执行结束后，才能响应中断。

(4)如果正执行的指令是返回指令(RET1)或访问 IP、IE 寄存器的指令，那么 CPU 将至少再执行一条指令才能响应中断。

满足中断条件的情况下，CPU 响应中断过程如下：

(1)将 IP 中相应的优先级控制位置“1”，以阻断后来的同级和低级的中断请求。

(2)撤销该中断源的中断请求标志，否则，中断返回后将重复响应该中断。

(3)保护断点地址，程序转向执行中断服务子程序。

2. 中断处理

中断处理过程一般可以分为保护现场、执行中断服务程序和恢复现场三个过程。

(1)保护现场。

执行中断服务子程序之前，CPU 只保护了一个地址(PC 的值)，如果主程序和中断服务子程序中都用到一些公共存储空间(如 A、PSW 和 DPTR 等)，那么执行中断服务子程序前需要将这些数据保存起来，以免返回主程序时出现错误。

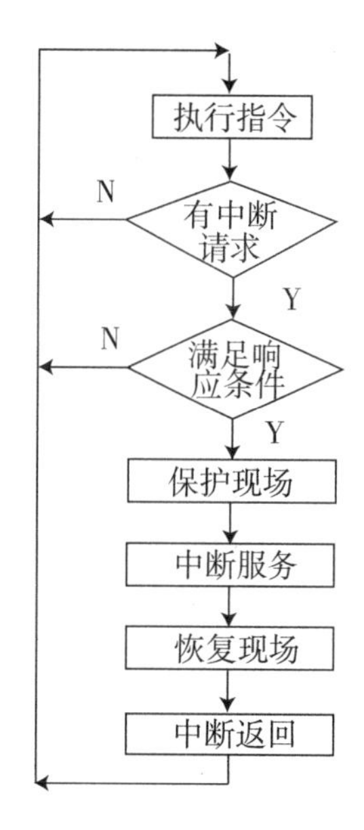

图 4-1-8　中断处理过程

(2)执行中断服务程序。

在 MCS-51 系列单片机中，5 个中断源都有它们各自的中断入口地址。

①$\overline{INT0}$：0003H；

②T0：000BH；

③$\overline{INT1}$：0013H；

④T1：001BH；

⑤串口中断：0023H。

可以看出，中断服务程序的存储空间很小，如果我们需要的程序超出了空间的限制，这时可以在中断处安排一条 LJMP 指令，把中断服务程序跳转到其他地址。

(3)恢复现场。

恢复现场和保护现场相对应，返回主程序前需要将保护现场过程中压入堆栈的相关数据弹出，以保证程序返回断点时能正确执行。

3. 中断返回

中断返回由中断返回指令 RET1 来实现。该指令的功能是把断点地址从堆栈中弹出，送回到程序计数器 PC 中；通知中断系统已完成中断处理，并同时清除优先级状态。

【学习检测】

一、选择题

1. 主程序调用子程序时，子程序返回使用(　　)指令，执行中断处理程序时，处理程序返回使用(　　)指令。

(A)RET1　　(B)RET

2. 外部中断 0 的中断入口地址在(　　)。

(A)0000H　　(B)0003H　　(C)000BH　　(D)0013H

3. 指令“0100H：AJMP 730H”执行后，转移去的目的地址是(　　)。

(A)0730H　　(B)0830H　　(C)0732H　　(D)0832H

二、程序分析题

试说明下面程序段的执行过程及执行结果。

```
MOV SP，#45H
MOV A，#90H
MOV B，#23H
PUSH ACC
PUSH B
POP ACC
POP B
```

三、编程及问答题

(1)利用堆栈指令编写程序，以实现片内 RAM 区 80H 与 37H 单元的内容互换。

(2)在 MCS -51 系列单片机中与中断有关的特殊功能寄存器有哪几个？其中 IE 和 IP 寄存器各位的含义是什么？若 IP 寄存器的内容为 09H，09H 的含义是什么？

(3)说出 MCS -51 系列单片机能提供几个中断源、几个中断优先级。各中断源的优先级怎样确定？在同一优先级中，各个中断源的优先顺序怎样确定？

任务二　定时器中断应用

【任务目标】

1. 了解定时器的结构及工作原理
2. 学习 80C51 内部计数器的使用和编程方法
3. 进一步掌握中断处理程序的编写方法

【任务描述】

设计单片机系统；编写源程序；根据原理图完成相关接线；运行程序，使发光二极管隔 1 s 点亮一次，点亮时间为 1 s。

【任务分析】

关于内部计数器的编程，主要是定时常数的设置和有关控制寄存器的设置。内部计数器在单片机中主要有定时器和计数器两个功能。本实验使用的是定时器，定时为 1 s。CPU 运用定时中断方式，实现每 1 s 钟输出状态发生一次反转，即发光管每隔 1 s 钟亮一次。

与定时器有关的寄存器有工作方式寄存器 TMOD 和控制寄存器 TCON。TMOD 用于设置定时器/计数器的工作方式 0 ~ 3，并确定用于定时还是用于计数。TCON 主要功能是为定时器在溢出时设定标志位，并控制定时器的运行或停止等。

内部计数器用作定时器时，对机器周期进行计数。每个机器周期的长度是 12 个振荡器周期。因为实验系统的晶振是 12MHz，本程序工作为方式 2，即 8 位自动重装方式定时器，定时器 100 μs 中断一次，所以定时常数的设置可按以下方法计算：

机器周期 = 12 × 1/12 MHz = 1 μs　　（256 − 定时常数）× 1 μs = 100 μs

定时常数 = 156。

然后对 100 μs 中断次数计数 10000 次，就是 1 s。

在本实验的中断处理程序中，中断定时常数的设置对中断程序的运行起到关键作用，所以在置数前要先关掉对应的中断，置数完成后再打开相应的中断。

【任务实施】

一、硬件设计

图 4 − 2 − 1 所示为定时器中断原理图。

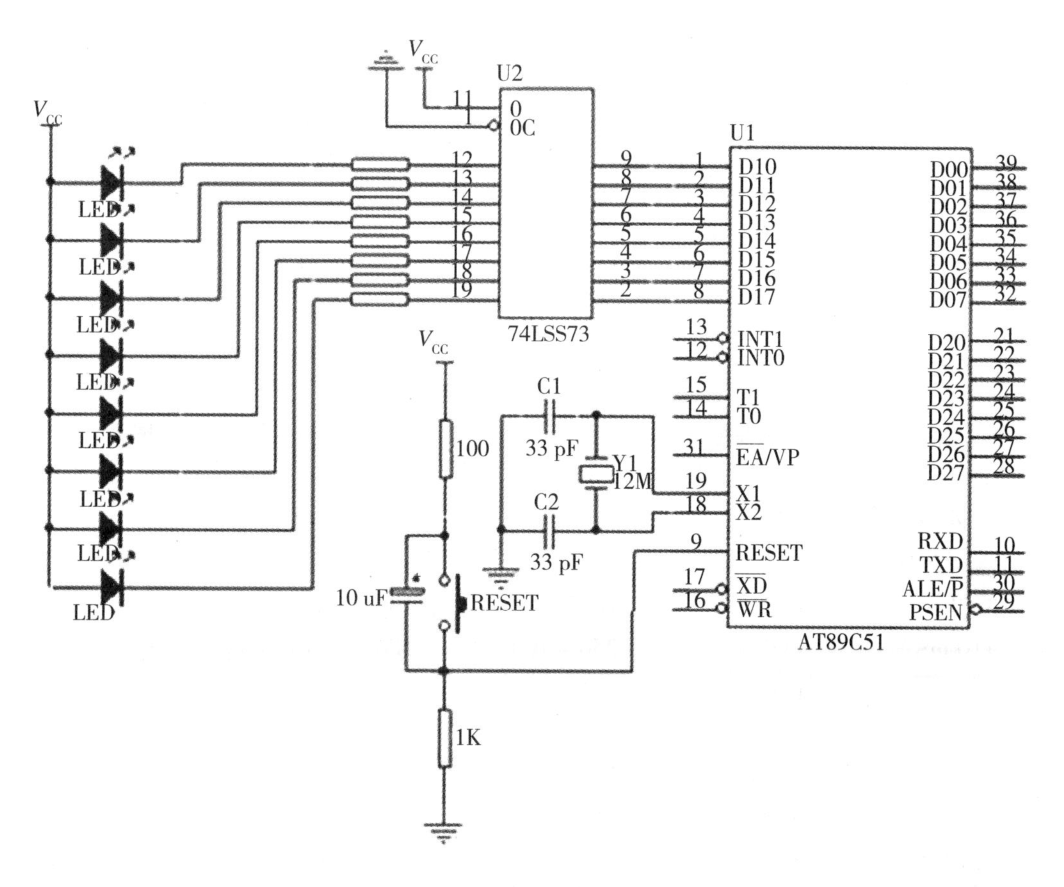

图 4 − 2 − 1　定时器中断原理图

二、软件程序设计

1. 绘制程序流程图

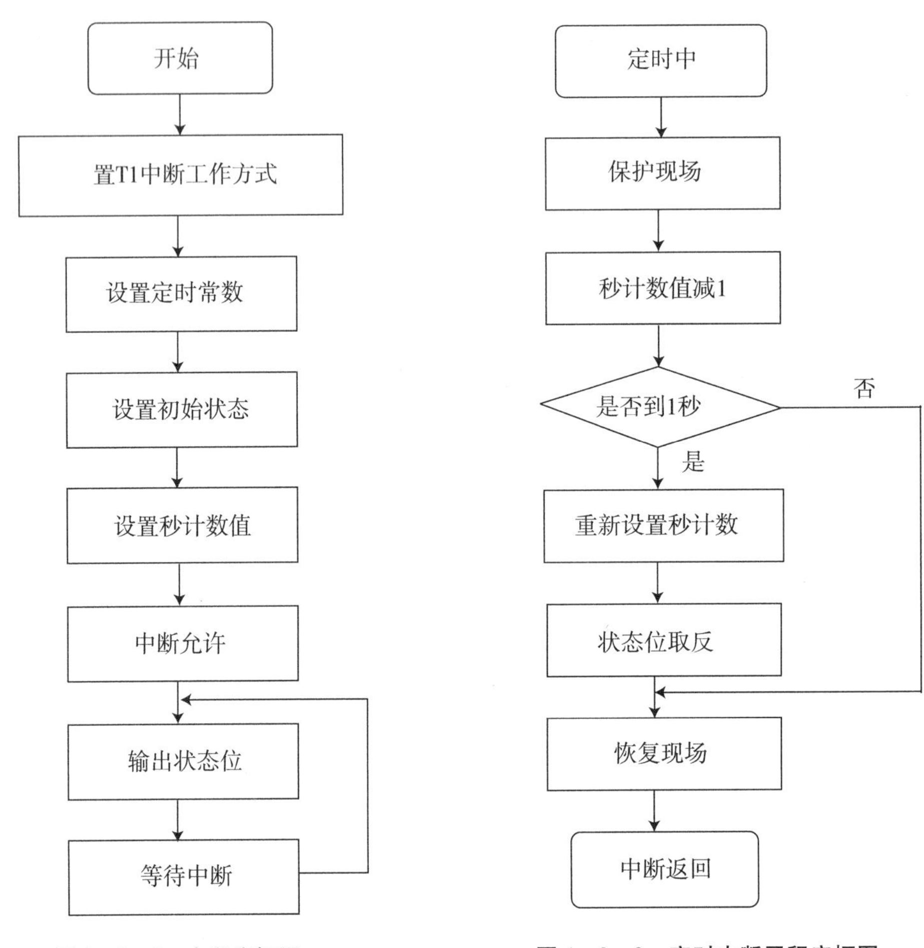

图 4-2-2　主程序框图　　图 4-2-3　定时中断子程序框图

2. 汇编源程序设计

参考程序如下：

```
TICK      EQU     10000       ；10000 ×100 µs = 1 s
T100uS    EQU     256 - 100   ；100 µs 时间常数(12 M)
C100uS    EQU     30H         ；100 µs 记数单元
LEDBUF    EQU     40H
LED       BIT     P1.0
ORG       0000H
LJMP      START               ；跳至主程序
ORG       000BH
LJMP      TOINT               ；跳至子程序
```

```
ORG         0030H
T0INT: PUSH PSW                         ; 状态保护
MOV         A, C100uS+1
JNZ         GOON
DEC         C100uS                      ; 秒计数值减1
GOON: DEC   C100uS+1
MOV         A, C100uS
ORL         A, C100uS+1
JNZ         EXIT                        ; 100 μs计数器不为0, 返回
MOV         C100uS, #HIGH(TICK)         ; 100 μs计数器为0, 重置计数器
MOV         C100uS+1, #LOW(TICK)
CPL         LEDBUF                      ; 取反LED
EXIT:       POP         PSW
RET1
START:      MOV         TMOD, #02H      ; 方式2, 定时器
MOV         TH0,        #T100 μs        ; 置定时器初始值
MOV         TL0,        #T100 μs
MOV         IE,         #10000010B      ; EA=1, IT0=1
SETB        TR0                         ; 开始定时
CLR         LEDBUF
CLR         LED
MOV         C100uS,     #HIGH(TICK)     ; 设置10000次计数值
MOV         C100uS+1,   #LOW(TICK)
LOOP:       MOV         C, LEDBUF
MOV         LED, C
LJMP        LOOP
END
```

三、程序的在线仿真与调试

(1)根据原理图将实验板上相应的模块进行连接。

使用单片机最小应用系统模块。关闭该模块电源，用数据线连接单片机P1.0口与八位逻辑电平显示模块。

(2)用串行数据通信线连接单片机与仿真器。

把仿真器插到模块的锁紧插座中，请注意仿真器的方向：缺口朝上。

(3)打开Keil uVision4仿真软件，首先建立本实验的项目文件，然后输入源程序，进行编译，直到编译无误。

(4)进行软件设置，选择硬件仿真，再选择串行口，设置波特率为115200。

(5)单击 ，运行源程序，在弹出的界面单击RUN运行 ，下载源程序，

发光二极管隔 1 s 点亮一次，点亮时间为 1 s。

【巩固练习】

设时钟频率为 6 MHz，利用定时/计数器 T1，采用工作方式 2，使 P1.7 引脚输出 1 ms的方波。

【知识点链接】

一、定时/计数器的结构

从图 4－2－4 可以看出，每个 16 位的定时/计数器均由两个 8 位专用寄存器 T0 和 T1 组成(定时器 T0 由 TH0 和 TL0 组成，定时器 T1 由 TH1 和 TL1 组成)。定时器方式寄存器 TMOD 主要用来确定定时/计数器的工作方式和功能，定时器控制寄存器 TCON 主要用来控制 T0、T1 的启动、停止以及溢出标志位的设置。

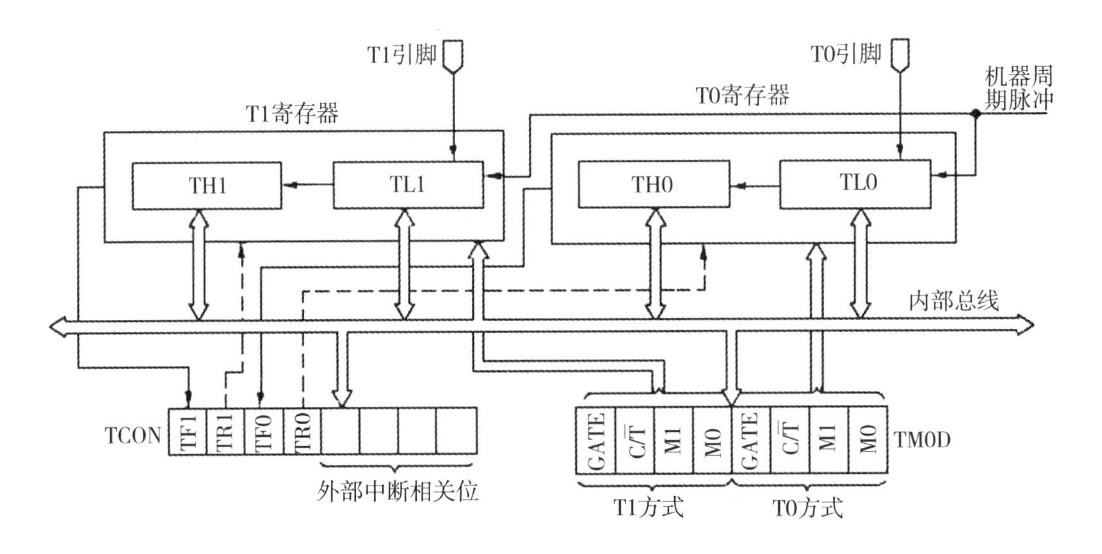

图 4－2－4　定时/计数器结构

二、定时/计数器的工作原理

从图 4－2－4 我们看到，定时计数器有两个输入脉冲：一个是内部机器周期脉冲，一个是 T0 或 T1 引脚输入的外部脉冲。

定时/计数器的工作在定时器模式时，对内部机器周期脉冲进行计数，定时时间为机器周期脉冲的时间乘以机器周期数；工作在计数器模式时，对引脚 T0(P3.4)或 T1(P3.5)上输入的外部脉冲计数，当检测到引脚上的信号由高电平跳变到低电平时，计数器加 1。

无论处在定时模式还是计数模式，其本质只是计数器加 1，每输入一个脉冲，计数器加 1。当计数器全部为 1 后，若还有脉冲输入，此时计数器将产生溢出(计数器中的值为 0)，向 CPU 发出中断请求(内部中断)。

三、定时/计数器的控制寄存器

1. 模式控制寄存器 TMOD

模式控制寄存器 TMOD 的位名称以及功能如表 4－2－1 所示，高四位控制 T1，低四位控制 T0。需要注意的是 TMOD 不能进行位寻址。

表 4－2－1　TMOD 的位名称以及功能

TMOD	D7	D6	D5	D4	D3	D2	D1	D0
位名称	GATE	C/T	M1	M0	GATE	C/T	M1	M0
功能	门控位	定时/计数方式选择	工作方式选择		门控位	定时/计数方式选择	工作方式选择	

由于高四位和低四位的功能相同，这里以高四位为例讲解。

(1)GATE(D7 位)：门控位。当 GATE＝0 时，使用软件将 TCON 中的 TR1 置“1”，就可以启动定时/计数器工作；若 GATE＝1 时，除需将 TCON 中的 TR1 置“1”外，还需外部引脚 INT1 为高电平，才能启动定时/计数器。

(2)C/T(D6 位)：定时计数方式选择位。该位为“0”时启动定时模式，该位为“1”时启动计数模式。

(3)M1、M0(D5 和 D4 位)：工作方式选择位。M1、M0 共同设置定时/计数器的四种工作方式，如表 4－2－2 所示。

表 4－2－2　定时/计数器的四种工作方式

M1、M0	工作方式	说　明
00	方式 0	13 位定时/计数器
01	方式 1	16 位定时/计数器
10	方式 2	8 位自动重装定时/计数器
11	方式 3	T1 分成两个独立的 8 位定时/计数器，T0 停止计数

2. 控制寄存器 TCON

控制寄存器 TCON 如表 4－2－3 所示。

表 4－2－3　TCON 的结构、位名称、位地址以及功能

TCON	D7	D6	D5	D4	D3	D2	D1	D0
位名称	TF1	TR1	TF0	TR0	IE1	IT1	IE0	IT0
位地址	8FH	8EH	8DH	8CH	8BH	8AH	89H	88H
功能	T1 中断标志	T1 启停控制	T0 中断标志	T0 中断标志	T0 启停控制	用于中断		

(1)TF1(D7 位)：定时/计数器 T1 溢出时的中断请求标志位。当 T1 计数溢出时，CPU 会通过硬件方式将该位置“1”，向 CPU 请求中断。CPU 响应中断后，会由硬件自动清“0”(当然也可以通过软件方式进行置位和清“0”)。

(2)TR1(D6 位)；定时/计数器 T1 的启停控制位。TR1 = 1 时，T1 运行；TR1 = 0 时，T1 停止。

(3)TR0(D4 位)：定时/计数器 T0 的启停控制位。TR0 = 1 时，T0 运行；TR0 = 0 时，T0 停止。

四、定时/计数器的工作方式

在前面的学习中，我们已经知道通过设置 TMOD 的 M1、M0 两位，可以选择定时计数器的 4 种工作方式。T0 和 T1 在使用前三种工作方式时，除使用的寄存器和控制位不同外，其他操作相似。另外，T1 没有工作方式 3。下面以 T0 为例来讲述 4 种工作方式。

1. *方式* 0

当 M1M0 = 00 时，T0 采用方式 0 工作，如图 4 - 2 - 5 所示。此时 T0 是一个由 TL0 的低 5 位和 TH0 的 8 位构成的 13 位计数器(注：TL0 的高 3 位未用)。

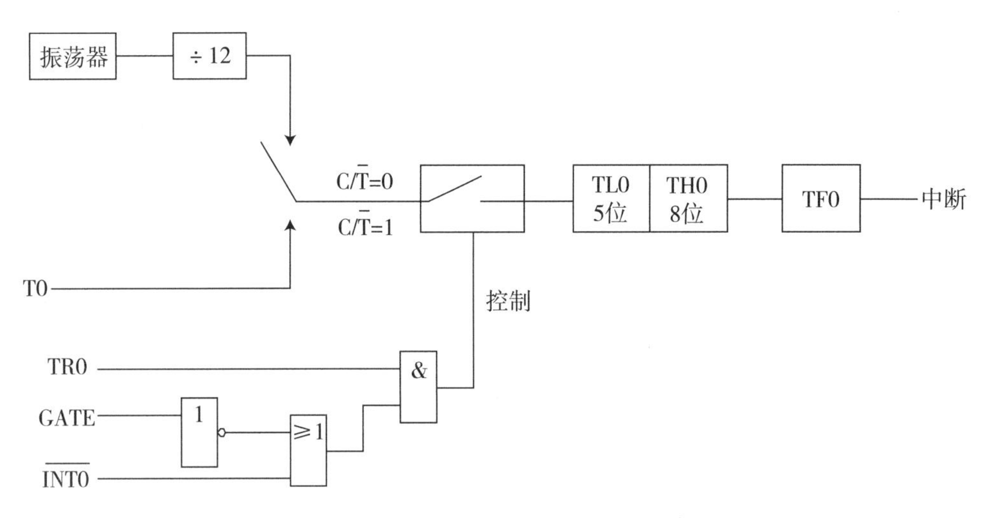

图 4 - 2 - 5　定时/计数器的 T0 工作方式 0 的原理图

13 位计数器的最大计数值为 2^{13} = 8192，若振荡器的时钟频率 f_{osc} = 12 MHz 时，机器周期为 1 μs，方式 0 最大的定时时间为 8192 μs。

若 TL0 的低 5 位计数满时，直接向 TH0 进位(而不是向 TL0 的第 6 位进位)；13 位定时/计数溢出时，TF0 置“1”。

方式 0 是为了和早期的 48 系列单片机兼容而设计的，但是在实际使用中，方式 0 使用较少，因为计算预置的初值比较麻烦，容易出错。

2. *方式* 1

当 M1M0 = 01 时，T0 采用方式 1 工作，如图 4 - 2 - 6 所示。此时 T0 是 TL0 和 TH0

构成 16 位的定时/计数器，最大计数值为 $2^{16}=65536$，其他特性和方式 0 相似。

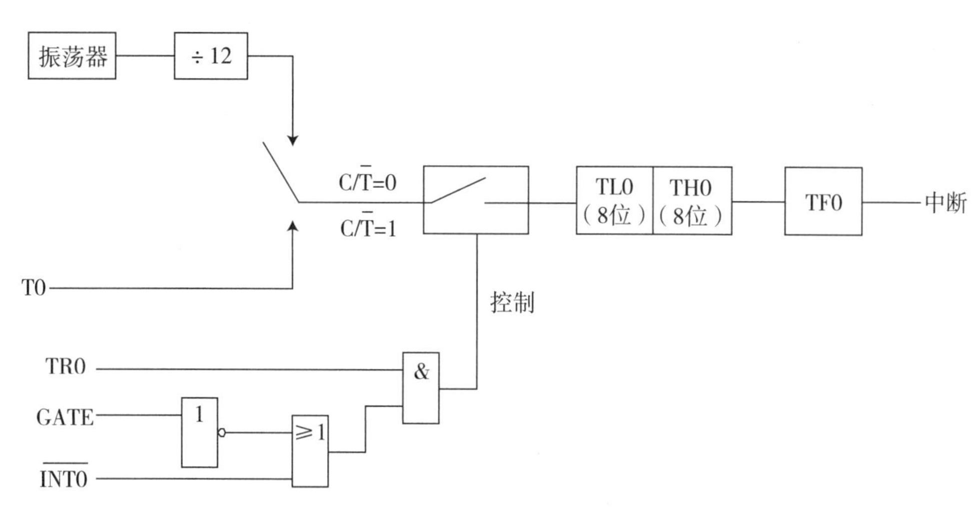

图 4－2－6　定时/计数器的 T0 工作方式 1 的原理图

3. 方式 2

当 M1M0＝10 时，T0 采用方式 2 工作，如图 4－2－7 所示。此时 T0 是一个 8 位自动重装定时/计数器，低 8 位 TL0 用作计数(最大计数值为 $2^8=256$)，高 8 位 TH0 用于保存计数初值。若 TL0 计数已满发生溢出时，TF0 置"1"的同时，TH0 中的初值将自动装入 TL0。

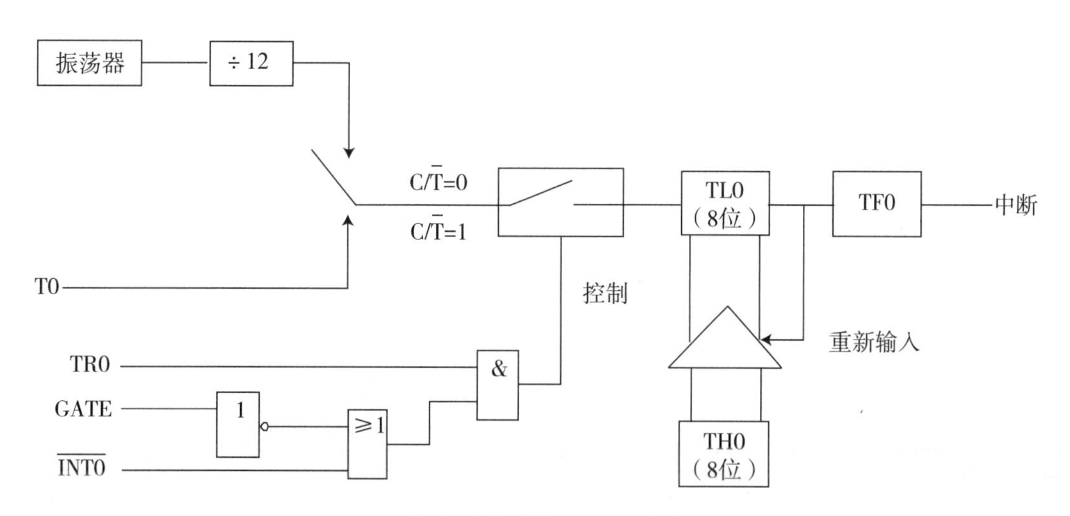

图 4－2－7　定时/计数器的 T0 工作方式 2 的原理图

4. 方式 3

M1M0＝11 时，T0 采用方式 3 工作，如图 4－2－8 所示。在这种工作方式下，T0 被拆成两个独立的定时计数器来用。其中，TL0 使用 T0 原有的资源，可以作为 8 位定时/计数器；TH0 使用 T1 的 TR1 和 TF1，只能对内部脉冲计数，作为定时器使用。

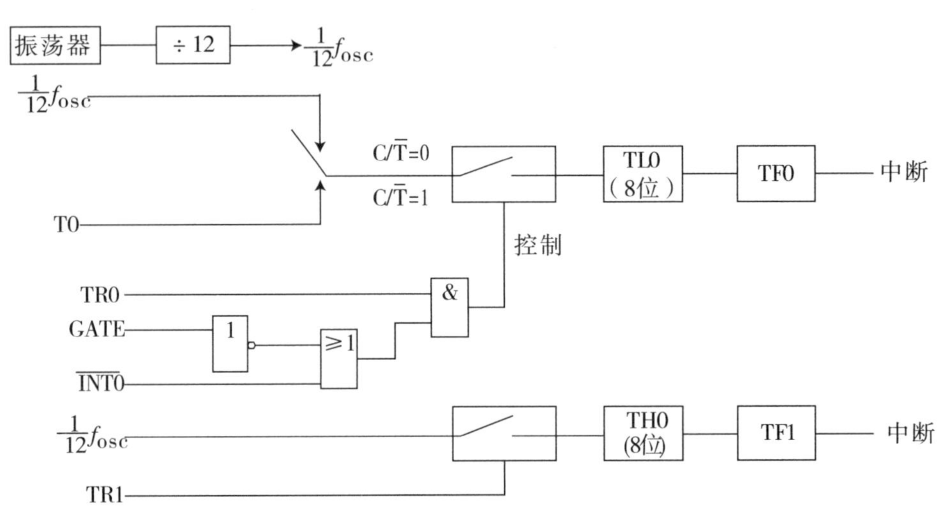

图4－2－8　定时/计数器的T0工作方式3的原理图

当T0工作在方式3时，T1仍可设置为方式0、方式1或方式2，如图4－2－9所示。此时，T1由定时/计数方式选择位C/T切换其定时或计数功能，当计数器计数已满溢出时，将输出送往串行口。在这种情况下，T1一般用作串行口波特率发生器。

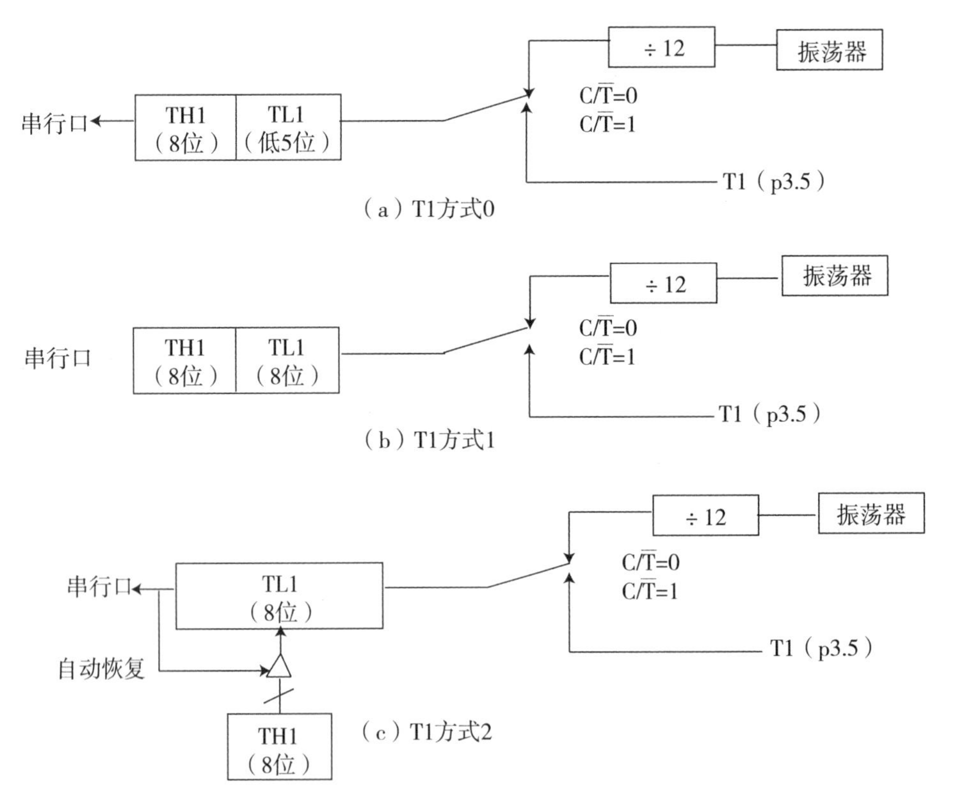

图4－2－9　T0工作在方式3时T1的三种工作方式

五、定时/计数器的初始化

1. 初始化的步骤

在使用定时/计数器之前，需要进行初始化操作，以保证其工作在我们所希望的工作状态之下。初始化的一般步骤如下：

(1)根据实际任务确定工作方式、操作模式以及启动控制方式，然后将控制字写入TMOD寄存器。

(2)根据工作要求计算出预置定时/计数器的初值，并将计数初值写入相应的计数器。

(3)根据需要确定是否采用中断方式，并设置中断允许控制寄存器IE中的相关位。

(4)根据前面设定的启动控制模式启动定时/计数器工作。

2. 预置初值的计算

在初始化步骤中，需要预置定时/计数器的初值，那么初值是如何计算出来的呢？下面有两个简单的公式用于初值的计算。

(1)在计数方式下，应装入的计数初值为：

$$X = 2^n - N$$

其中，n为所选的计数器位数；N为要求的计数值。

(2)在定时方式下，应装入的计数初值为：

$$X = 2^n - T/Tc$$

其中，n为所选的计数器位数；T为要求的定时时间；Tc为单片机的机器周期。

3. 初始化应用举例

通过前面的学习，我们已经基本了解了定时/计数器的使用方法，这里通过两个实例来进一步加深理解。

[**例**]设单片机的晶振频率6 MHz，利用定时/计数器T0，在引脚P0.0上输出周期为4 ms的方波。

分析：输出4 ms的方波要求引脚P.0上的输出电平每隔2 ms取反一次。因此，完成题目的要求我们只需每隔2 ms改变一次引脚P0.0的输出电平，利用T0实现2 ms的延时，每当T0中断时就改变一次引脚P0.0上的输出电平。

单片机的晶振频率为6 MHz，那么机器周期是2 μs。如果采用方式1的定时方式，T0实现延时2 ms预置的计数值为：$2 - 2^{16}$ ms/ 2 μs = 64536，换算成二进制为：1111 1100 0001 1000B。

$$TH0 = 1111\ 1100 = 0ECH$$

$$TL0 = 0001\ 1000 = 18H$$

TMOD初始化：TMOD = 0000 0001B = 01H。

TCON初始化：TR = 0，启动T0。

1)方法一(查询方式)

```
ORG0000H
LJDMPSTART
```

START:；初始化程序
MOVTMOD，#01H；设置T0工作在方式1
MOVTHO，#0ECH；将计数初值存入T0
MOVTLO，#18H
SETBP0.0；将引脚P0.0设置为高电平
SETBTRO；启动T0
SETBETO；开T0中断
SETBEA；开总允许中断
LOOP1:
JNBTFO，LOOP1；定时时间已到，向下执行；否则，继续等待
CLRTF0；清除中断标志位
CPLP0.0；将引脚P0.0的电平取反
CLRTRO；T0停止工作
MOVTHO，#0ECH；将计数初值存入T0
MOVHLO，#18H
SETBTRO；启动T0
AJMPLOOP1；跳转到LOOP1程序段
END

2)方法二(中断方式)

ORG0000H
LJMPSTART
ORG000BH；初始化T0中断处理程序
LJMPINT_ T0
START:
MOVSP，#60H；初始化堆栈
MOVTMOD，#01H；设置T0工作在方式1
MOVTHO，#0ECH；将计数初值存入T0
MOVTLO，#18H
SETBP0.0；将引脚P0.0设置为高电平
SETBTRO；启动T0
SETBETO；开T0中断
SETBEA；开总允许中断
SJMP $；等待中断
INT_ TO;；中断服务子程序
MOVTHO，#0ECH
MOVTLO，#18H
CPLP0.0
RET1；中断返回

END

【学习检测】

1. 编写用软件方法设计实现定时 0. 5 s 的程序。
2. 编写利用定时器 1，以方式 1，设计 0. 5 s 的定时程序。
3. 利用两个定时器串联的方法，实现 1 s 的定时。
4. 利用定时器 1 对外部信号进行计数。

项目五　显示器接口设计与编程

【引　入】

显示器是单片机应用系统设计中常用的输出设备之一，目前常用的有 LED 显示器和 LCD 显示器两种。两者的成像原理、应用领域各不同，在项目五中我们学习两种显示器的显示原理和单片机的接口设计。液晶显示器(LCD)具有功耗低、体积小、重量轻、超薄等许多其他显示器无法比拟的优点，近几年来被广泛用于单片机控制的智能仪器、仪表和低功耗电子产品中。LCD 可分为段位式 LCD、字符式 LCD 和点阵式 LCD。其中，段位式 LCD 和字符式 LCD 只能用于字符和数字的简单显示，不能满足图形曲线和汉字显示的要求；而点阵式 LCD 不仅可以显示字符、数字，还可以显示各种图形、曲线及汉字，并且可以实现屏幕上下左右滚动、动画功能、分区开窗口、反转、闪烁等功能，用途十分广泛。

【技能要求】

1. 掌握 LED 静态、动态显示
2. 掌握数码管的基础知识
3. 了解 LCD 显示器基础知识

任务一　LED 静态串行显示

【任务目标】

通过 LED 的静态显示实验，掌握数字、字符转换成显示段码的软件译码方法。

熟悉静态显示的原理和相关程序的编写。

【任务描述】

应用 AT89C51 芯片的最小系统，利用单片机的两个输出口静态显示的方式，控制 5 个 LED 数码管，在其上显示出“89C51”5 个字符。

【任务分析】

在本任务中我们要利用天煌 THWPMT－2 实验台的 PE－50 来完成此实验，在此将单片机的 P1.0 作为数据串行输出，P1.1 作为移位脉冲输出。

【任务实施】

一、硬件设计

1. 设计思路

LED 显示器由 5 个共阴极数码管组成。输入只有两个信号，它们是串行数据线 DIN 和移位信号 CLK。5 个串/并移位寄存器芯片 74LS164 首尾相连。每片的并行输出作为 LED 数码管的段码。利用单片机的 P1.0 引脚作为数据串行输出接显示器的 DIN，P1.1 引脚作为移位脉冲输出接显示器的 CLK。

2. 电路图设计

1）显示器结构

显示器由 5 个共阴极数码管组成。输入只有两个信号，它们是串行数据线 DIN 和移位信号 CLK。5 个串/并移位寄存器芯片 74LS164 首尾相连。每片的并行输出作为 LED 数码管的段码。

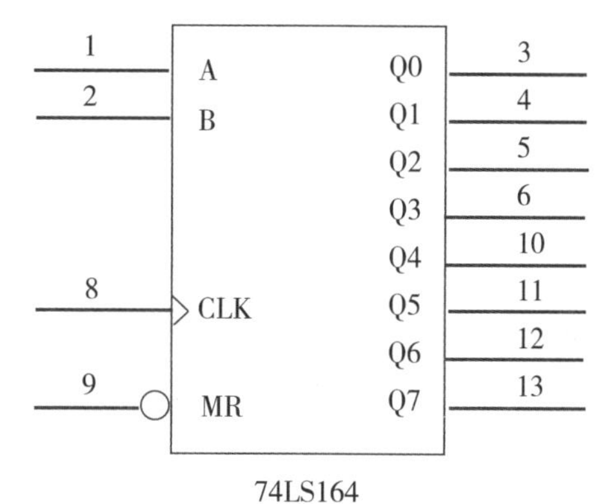

图 5－1－1　74LS164 引脚图

74LS164 的引脚图如图 5－1－1 所示。74LS164 为 8 位串入并出移位寄存器，1、2 为串行输入端，Q0～Q7 为并行输出端，CLK 为移位时钟脉冲，上升沿移入一位；$\overline{\text{MR}}$为清零端，低电平时并行输出为零。单片机的 P1.0 引脚作为数据串行输出，P1.1 引脚作为移位脉冲输出，当然用户也可以使用其他 I/O 口。

2）硬件电路图

综合以上分析，得到如图 5－1－2 所示的 LED 静态显示原理图。

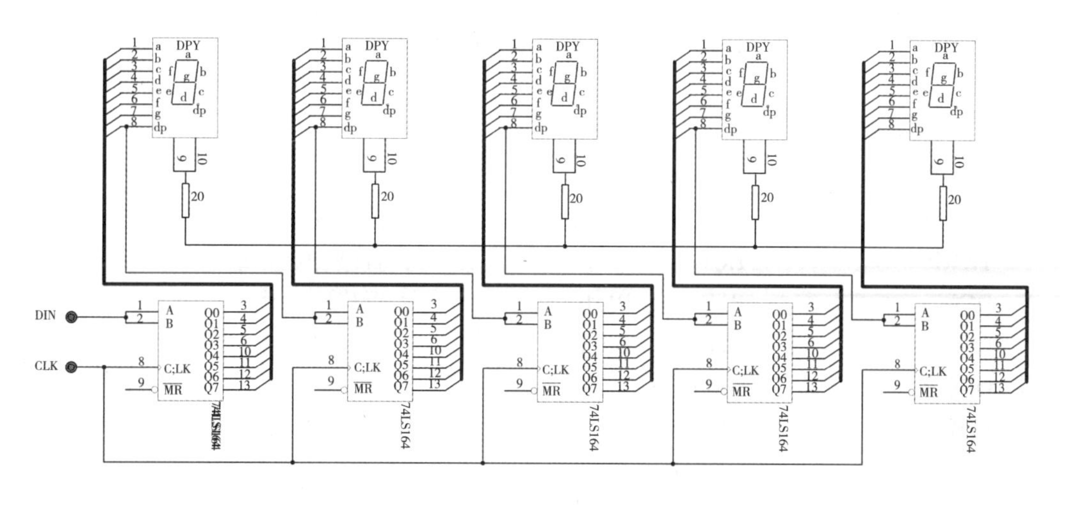

图 5－1－2　LED 静态显示原理图

二、软件程序设计

1. 绘制程序流程图

图 5－1－3 所示为 LED 静态显示程序流程图。

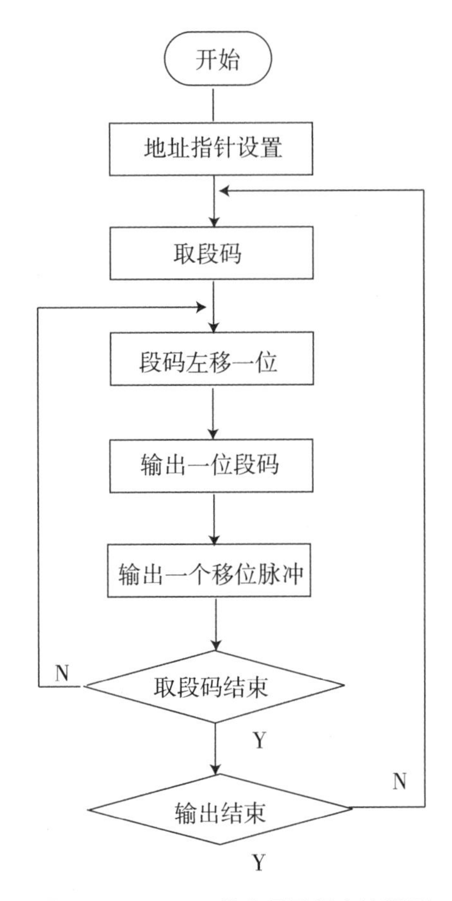

图 5－1－3　LED 静态显示程序流程图

2. 编写源程序

参考源程序如下：

```
DBUF0          EQU     30H          ；置存储区首址
TEMP           EQU     40H          ；置缓冲区首址
DIN            BIT     P1.0         ；置串行输出口
CLK            BIT     P1.1         ；置时钟输出口
ORG            0000H
LJMP           START
ORG            0030H
START:
MOV         30H,     #8             ；存入显示数据
```

```
MOV        31H,    #9
MOV        32H,    #0CH
MOV        33H,    #5
MOV        34H,    #1
DISP：MOV  R0,     #DBUF0
MOV        R1,     #TEMP
MOV        R2,     #5
DP10：MOV  DPTR,   #SEGTAB        ；表头地址
MOV        A,      @R0
MOVC       A,      @A+DPTR        ；查表指令
MOV        @R1，A
INC        R0
INC        R1
DJNZ       R2,     DP10
MOV        R0,     #TEMP          ；段码地址指针
MOV        R1,     #5             ；段码字节数
DP12：MOV  R2,     #8             ；输出子程序
MOV        A,      @R0            ；取段码
DP13：RLC  A                      ；段码左移
MOV        DIN，C                 ；输出一位段码
CLR        CLK                    ；发送移位脉冲一位
SETB       CLK
DJNZ       R2，DP13
INC        R0
DJNZ       R1，DP12
SJMP       $
SEGTAB：DB  3FH，06H，5BH，4FH，66H，6DH    ；0，1，2，3，4，5
        DB  7DH，07H，7FH，6FH，77H，7CH    ；6，7，8，9，A，B
        DB  39H，5EH，79H，71H，00H，40H    ；C，D，E，F，-
END
```

三、程序的在线仿真与调试

单片机的 P1.0 引脚作为数据串行输出，P1.1 引脚作为移位脉冲输出(当然也可以使用其他 I/O 口，但要注意编程时硬件接口与软件要一致)。

(1)使用单片机最小应用系统模块，用导线连接 P1.0、P1.1 到串行静态显示模块的 DIN、CLK 端。

(2)用串行数据通信线连接计算机与仿真器，把仿真器插到模块的锁紧插座中，注意仿真器的方向：缺口朝上。

(3)启动单片机，打开 Keil uVision4 仿真软件。

(4)首先建立本实验的项目文件，选择“Project”>“New Project”菜单，在弹出的窗口保存工程文件，填写文件名。然后进行仿真器的设置，设置为软件仿真状态。

(5)在弹出的CPU选择对话框中选择ATMEL系列芯片中的AT89C51，然后点击确定。

(6)单击文件工具栏中，在编辑区域编辑汇编源程序，完成后点击并将源程序以“. asm”形式保存。

(7)在工程窗口“Source Group 1”中单击鼠标右键，在弹出的快捷菜单中将汇编源文件加入其中。

(8)单击，在弹出的窗口中单击“Debug”(如)，再单击“Settings”，在弹出的窗口选择对应的COM口和波特率(如)。

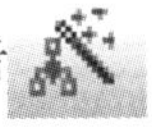

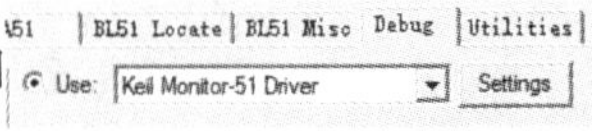

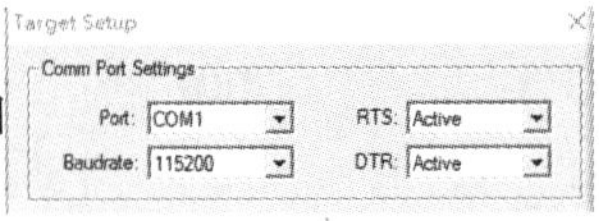

(9)单击编译工具栏中(从左往右)，对汇编源文件进行编译。

(10)单击按钮，运行源程序，然后在弹出的界面单击RUN运行，下载源程序。

(11)观察实验现象。

【巩固练习】

用移位指令和查表指令“MOVC”，实现9～0的流水灯模拟控制(要求：1. 画出硬件设计；2. 画出流程图；3. 写出源程序)。

【知识点链接】

一、LED显示器接口设计和原理

1. LED显示器接口设计

目前LED显示器种类很多，按颜色划分可分为单基色显示屏、双基色显示屏、全彩色显示屏；按外观可划分为七段数码管、米字型数码管、点阵块等。

2. 工作原理

LED(light emitting diode)是发光二极管的英文缩写。LED数码管是由发光二极管构成的。

3. 数码管基础知识

(1)常见的LED数码管为“8”字形，共计8段，每一段对应一个发光二极管。有共阳极和共阴极两种，如图5－1－4所示。共阴极发光二极管的阴极连在一起，通常公共阴极接地。当阳极为高电平时，发光二极管点亮。同样，共阳极LED数码管的发光二极管的阳极连接在一起，公共阳极接正电压。当某个发光二极管的阴极接低电平时，发光二极管被点亮，相应的段会被显示。

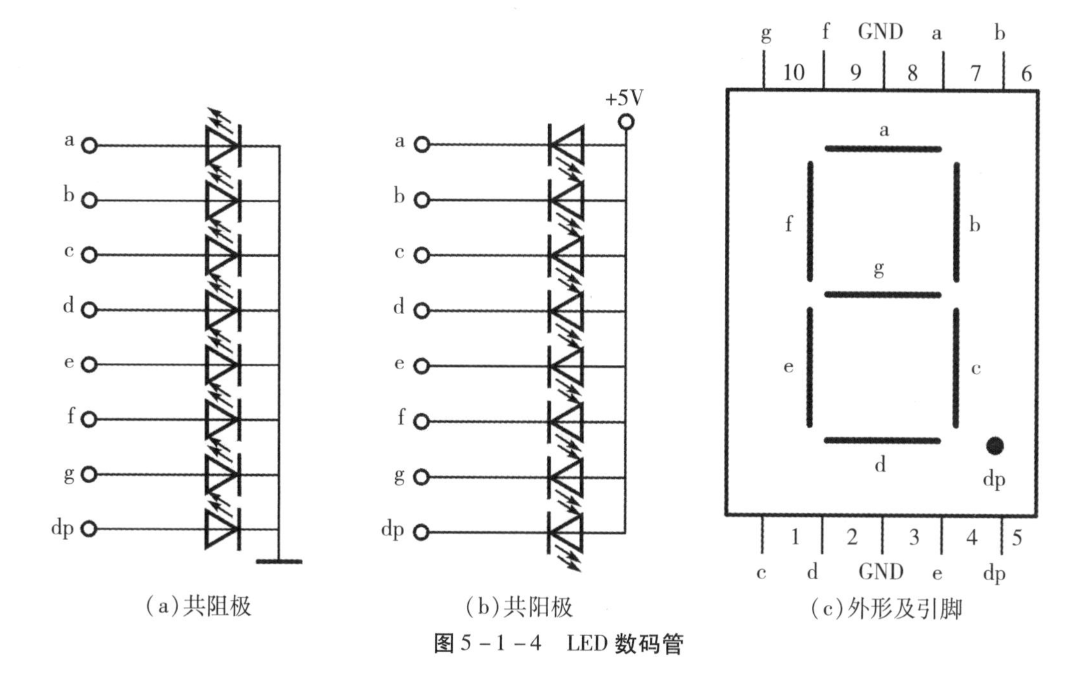

(a)共阴极　　(b)共阳极　　(c)外形及引脚

图 5－1－4　LED 数码管

(2)数码管的字形编码：在这里我们介绍两种，分别是共阳极数码管和共阴极数码管的编码。表 5－1－1 所示为数码管的字形显示对照表，表 5－1－2 所示为数码管的字形编码。

表 5－1－1　数码管的字形显示对照表

代码位	D7	D6	D5	D4	D3	D2	D1	D0
显示段	dp	g	f	e	d	c	b	a

表 5－1－2　数码管的字形编码

显示字符	共阴极段码	共阳极段码	显示字符	共阴极段码	共阳极段码
0	3FH	C0H	C	39H	C6H
1	06H	F9H	D	5EH	A1H
2	5BH	A4H	E	79H	86H
3	4FH	B0H	F	71H	8EH
4	66H	99H	P	73H	8CH
5	6DH	92H	U	3EH	C1H
6	7DH	82H	T	31H	CEH
7	07H	F8H	Y	6EH	91H

续 表

显示字符	共阴极段码	共阳极段码	显示字符	共阴极段码	共阳极段码
8	7FH	80H	H	76H	89H
9	6FH	90H	L	38H	C7H
A	77FH	88H	灭	00H	FFH
B	7CH	83H	…	…	…

4. LED 静态显示方法

无论多少位 LED 数码管，都同时处于显示状态。静态显示方式，各位的共阴极(或共阳极)连接在一起并接地(或接 +5 V)；每位的段码线(a ~ dp)分别与一个 8 位的 I/O 口锁存器输出相连。如果送往各个 LED 数码管所显示字符的段码一经确定，则相应 I/O 口锁存器锁存的段码输出将维持不变，直到送入另一个字符的段码为止。正因为如此，静态显示方式的 LED 数码管无闪烁，亮度都较高，软件控制比较容易。图 5 -1 -5 所示为 4 位 LED 数码管静态显示器电路，各位可独立显示，接口编程容易，但是占用口线较多。对图 5 -1 -5 若用 I/O 口线接口，要占用 4 个 8 位 I/O 口。因此在显示位数较多的情况下，所需的电流比较大，对电源的要求也会随之增高，这时一般会采用动态显示方式。

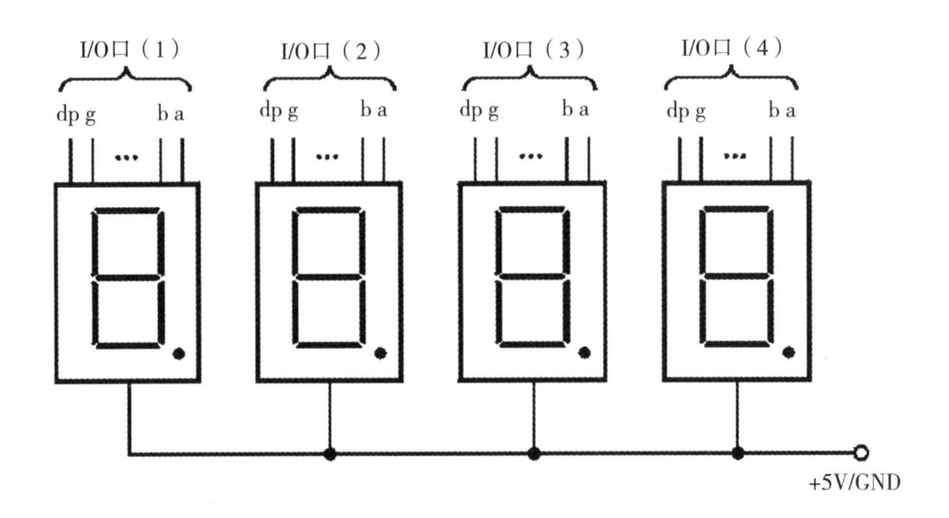

图 5 -1 -5　4 位 LED 静态显示电路

优点：结构简单，直接利用 I/O 口输出锁存器作为段码锁存器。

缺点：占用了 8 根 I/O 口线。

【学习检测】

设计一个完整的系统，当单片机运行后在数码管上每隔 1 s 循环显示 0 ~9。

任务二　LED 动态数码显示

【任务目标】

通过 LED 动态数码显示系统的设计及编程控制，掌握数字、字符转换成显示段码的软件译码方法，掌握动态显示的原理和相关程序的编写。

【任务描述】

本任务利用 LED 的动态显示方式完成，也称扫描显示。显示器由 6 个共阴极 LED 数码管构成。单片机的 P0 口输出显示段码，经由 74LS245 驱动输出给 LED 管，由 P1 口输出位控码，经由 74LS06 输出给 LED 管，即显示“012345”。

【任务分析】

本任务我们要使用天煌 THWPMT－2 实验台的 PE－50 来完成此实验，由单片机 P0 口输出段码，P1 口输出位控码，连接单片机实验板的 LED 动态显示模块，输出 6 个字符，显示“012345”。

【任务实施】

一、硬件设计

1. 设计思路

根据 LED 动态显示的原理，从单片机选出两个 I/O，一个作为段码输出口，一个作为位控码输出口。本任务由单片机 P0 口输出段码，连 P1 口输出位控码，接单片机实验板的 LED 动态显示模块，输出 6 个字符，显示“012345”。

2. 电路设计

1）LED 动态显示电路

图 5－2－1 所示为一个 4 位 8 段 LED 动态显示电路。其中，段码线占用一个 8 位 I/O 口，而位选线占用一个 5 位 I/O 口，因此必须采用动态的“扫描”显示方式。即在某一时刻只让某一位选线处于选通状态，而其他各位的位选线处于关闭状态，同时段码线上输出的相应位要有显示字符的段码。

动态显示是利用余晖和人眼的“视觉暂留”作用，事物虽然已经消失，但是事物的影像会有 0.1 s 左右的暂留，通过合理设置数码管的刷新频率和显示时间，可以达到连续显示的效果。例如，需要显示数字“12”时，先输出位选信号，选中第一个数码管，输出“1”的段码，延时一段时间后选中第二个数码管，输出“2”的段码，由于交替的速度非常快，人眼看到的就是连续的“12”。虽然这些字符是在不同时刻出现的，在同一时刻，只有一位显示，其他各位熄灭，但是只要每位显示间隔时间足够短，则可以造成“多位同时亮”的假象，从而达到同时显示的效果。

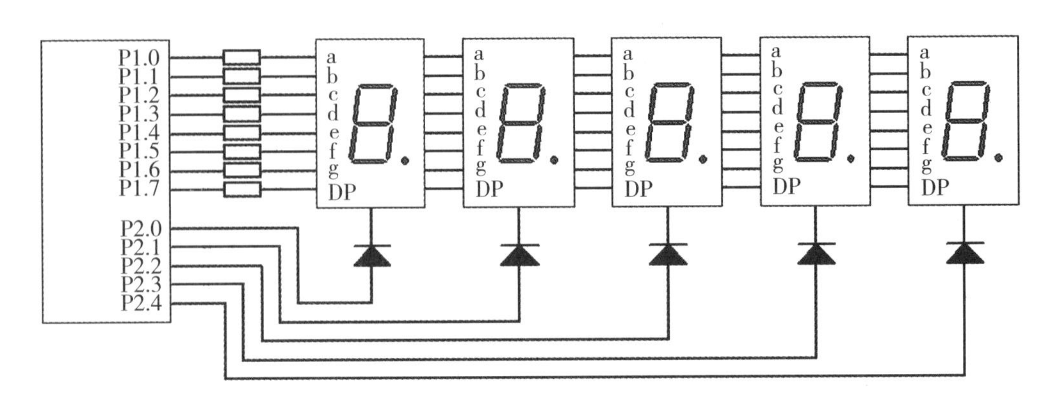

图 5-2-1　5 位 8 段 LED 动态显示电路

LED 数码管不同位显示的时间间隔(扫描间隔)应根据实际情况而定。显示位数多，将占用单片机大量的时间，因此动态显示的实质是以牺牲单片机时间来换取 I/O 端口的减少。

动态显示的优点是硬件电路简单，显示器越多，优势越明显。缺点是显示亮度不如静态显示的亮度高，如果“扫描”速率较低，会出现闪烁现象。

2)接口电路

图 5-2-2 所示为 LED 接口电路图。

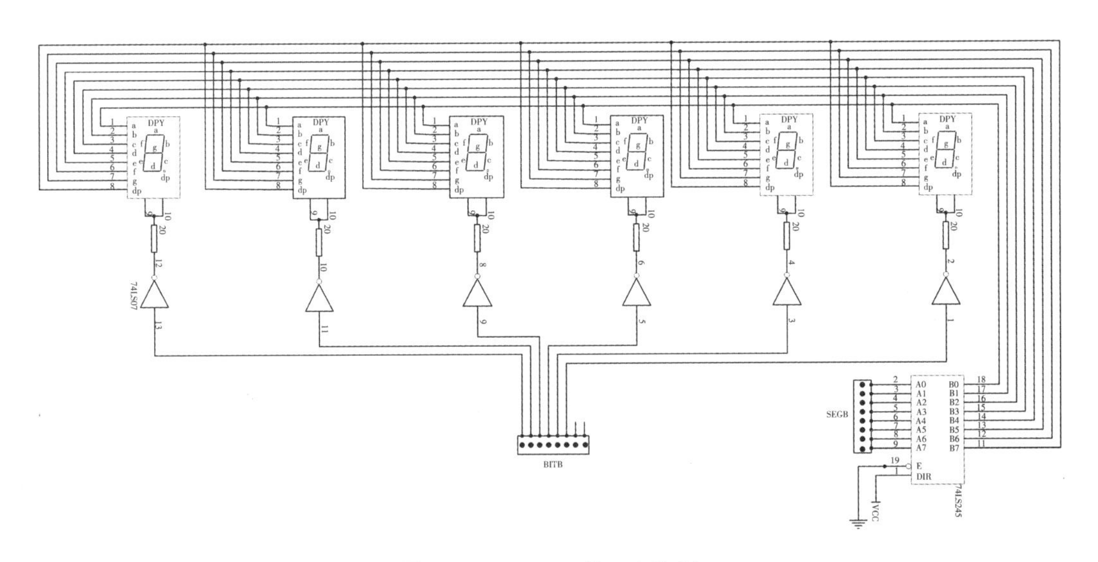

图 5-2-2　LED 接口电路图

综上所述，设计出所图 5-2-3 所示的 LED 动态显示原理图。

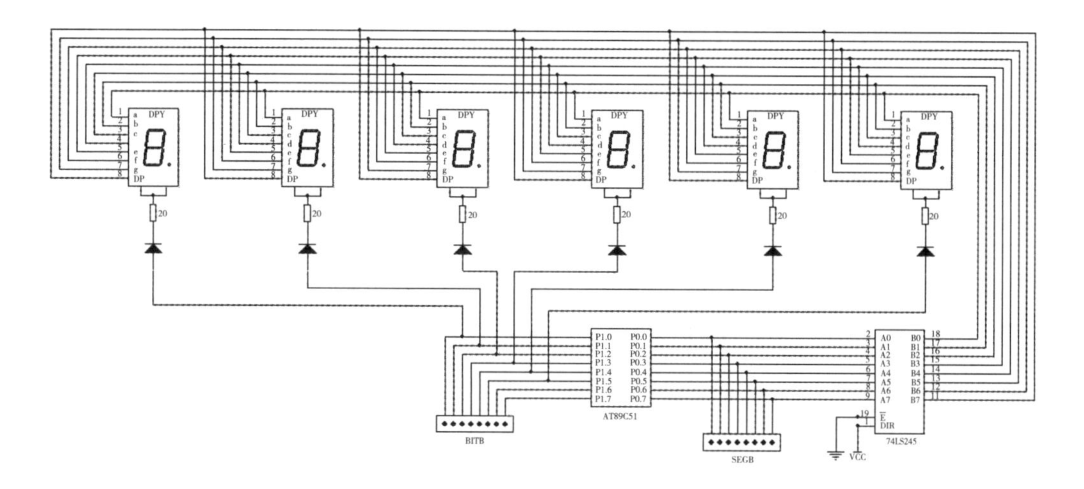

图 5－2－3　LED 动态显示原理图

二、软件程序设计

1. 绘制程序流程图

图 5－2－4 所示为 LED 动态显示程序流程图。

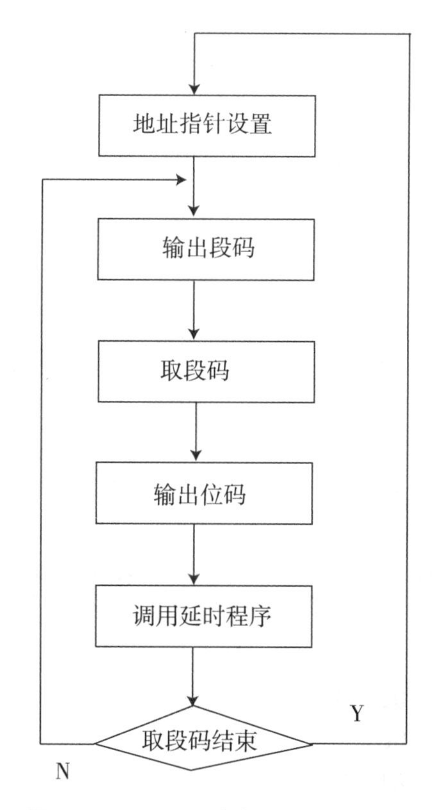

图 5－2－4　LED 动态显示程序流程图

2. 编写源程序

参考源程序如下：

```
DBUF        EQU       30H                 ；置存储区首址
TEMP        EQU       40H；               ；置缓冲区首址
ORG         0000H
LJMP        START
ORG         0030
START：MOV           35H，#0             ；存入数据
       MOV           34H，#1
       MOV           33H，#2
       MOV           32H，#3
       MOV           31H，#4
       MOV           30H，#5
       MOV           R0，#DBUF
       MOV           R1，#TEMP
       MOV           R2，#6              ；6 位显示 LED
       MOV           DPTR，#SEGTAB       ；置段码表首址
DP00：MOV            A，@R0              ；将段码存入缓冲区
      MOVC           A，@A+DPTR          ；查表取段码
      MOV            @R1，A              ；存入暂存器
      INC            R1
      INC            R0
      DJNZ           R2，DP00
DISP0：MOV           R0，#TEMP           ；显示子程序
       MOV           R1，#6              ；扫描 6 次
       MOV           R2，#1              ；决定数据动态显示方向及显示位
DP01：MOV            A，@R0
      MOV            P0，A               ；段码输出
      MOV            A，R2               ；取位码
      MOV            P1，A               ；位码输出
      ACALL DELAY                        ；调用延时
      MOV            A，R2
      RL             A
      MOV            R2，A
      INC            R0
      DJNZ           R1，DP01
      SJMP           DISP0
SEGTAB：DB      3FH，06H，5BH，4FH，66H，6DH      ；0，1，2，3，4，5
```

```
            DB      7DH, 07H, 7FH, 6FH, 77H, 7CH        ; 6, 7, 8, 9, A, B
            DB      39H, 5EH, 79H, 71H, 00H, 40H        ; C, D, E, F, -
DELAY: MOV R4, #03H                                      ; 延时子程序
AA1: MOV R5, #0FFH
AA: NOP
    NOP
    DJNZ      R5, AA
    DJNZ      R4, AA1
              RET
              END
```

三、程序的在线仿真与调试

(1)使用单片机最小应用系统模块，用导线使 P0 口连接动态数码管的段选信号、P1 口连接动态数码管的位选信号。

(2)用串行数据通信线连接计算机与仿真器，把仿真器插到模块的锁紧插座中，请注意仿真器的方向：缺口朝上。

(3)启动单片机，打开 Keil uVision4 仿真软件。

(4)首先建立本实验的项目文件，选择“Project” > “New Project”菜单，在弹出的窗口保存工程文件，填写文件名。然后进行仿真器的设置，设置为软件仿真状态。

(5)在弹出的 CPU 选择对话框中选择 ATMEL 系列芯片中 AT89C51，然后点击确定。

(6)单击文件工具栏中的，在编辑区域编辑汇编源程序，完成后点击保存并将源程序以“. asm”形式保存。

(7)在工程窗口“Source Group 1”中单击鼠标右键，在弹出的快捷菜单中将汇编源文件加入其中。

(8)单击，在弹出的窗口中单击“Debug”(如)，再单击“Settings”，在弹出的窗口选择对应的 COM 口和波特率(如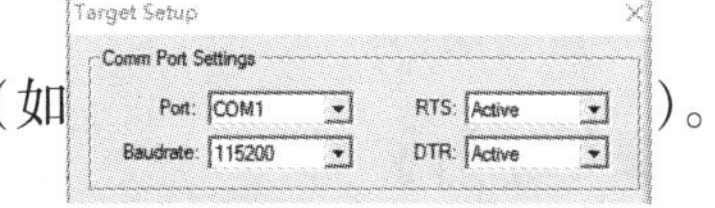

)。

(9)单击编译工具栏中，对汇编源文件进行编译。

(10)单击按钮，运行源程序，然后在弹出的界面单击 RUN 运行，下载源程序。

(11)观察实验现象。

【巩固练习】

修改程序，实现 6 位 LED 数码管只显示其中的两位。

项目六　串行口的使用

【引　入】

通信是指计算机与外部设备或计算机与计算机之间的信息交换，随着网络的快速发展，通信功能的使用与扩展越来越重要。通信分为串行通信和并行通信两种方式。在现代测控系统中，信息的交换大多采用串行通信。本项目中我们将通过两个任务介绍单片机的串行通信。

【技能要求】

1. 了解串行通信概念
2. 掌握 80C51 与 PC 机的串行通信

任务　80C51 与 PC 机串行通信

【任务目标】

通过完成 80C51 与 PC 机的串行通信任务，了解 80C51 串口的工作原理，掌握 I/O 口串口的方法。

【任务描述】

通过外部转接口将软件和硬件进行配对，在端口调试助手下进行相应的调试，从而完成实验的操作。

【任务分析】

80C51 串行口经 232 电平转换后，与 PC 机串行相连。PC 机使用“串口调试助手”应用程序，实现上位机与下位机的通信。本实验使用查询法接收和发送资料。上位机发出指定字符，下位机收到后返回原字符。

【任务实施】

一、硬件设计

1. 设计思路

利用 MAX232 接口芯片，将 PC 机作为上位机，单片机作为下位机。在上位机“发送的字符/数据”区输入一个字符/数据，点击手动发送，下位机收到后返回原字符，在接收区收到相同的字符/数据。

2. 电路图设计

1)RS－232 接口电路

RS－232C 是一种串行接口标准，RS－232 接口就是符合 RS－232C 标准的接口，也称 RS－232 口、串口、异步口或 COM(通信)口。RS－232 接口有两种结构：一种是 9 针，一种是 25 针。由于 RS－232 在工作时低电平为－15～－8 V，高电平为＋8～＋15 V，而单片机在工作时低电平为 0 V，高电平为＋5 V。因此，为保证通信双方电平匹配，需要在单片机串口与 RS－232 接口之间加电平转换器，本设计选用 MAX232 电平转换器。

MAX232 是一款兼容 RS－232C 标准的芯片。该芯片包含 2 个驱动器、2 个接收器和 1 个电压发生器电路，提供 TIA/EIA－232－F 电平。该芯片符合 TIV/EIA－232－F 标准，每一个接收器将 TIA/EIA－232－F 电平转换成 5 V TTL/CMOS 电平，每一个发送器将 TTL/CMOS 电平转换成 TIA/EIA－232－F 电平。图 6－1－1 所示为 MAX232 引脚图和基本应用电路图。

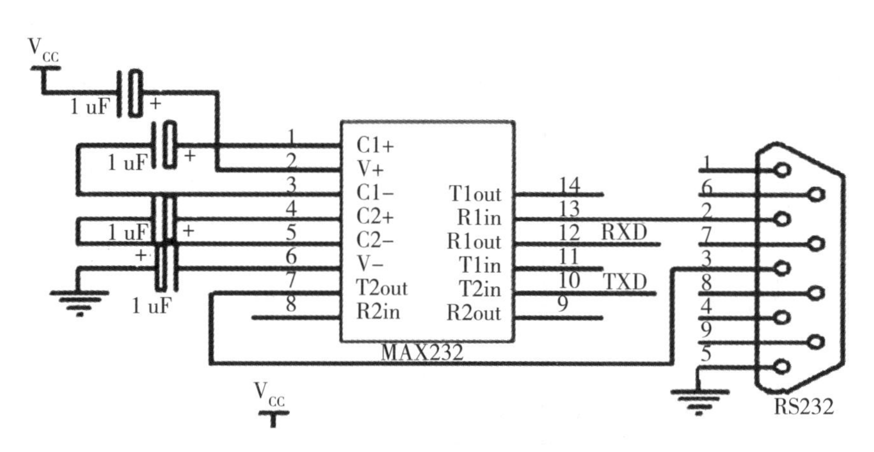

图 6－1　MAX232 引脚图和基本应用图

2)串行通信

51 系列的单片机有一个全双工串行通信接口，通过引脚 TXD(P3.1)向外发送串行数据，引脚 RXD(P3.0)接受串行数据。单片机的 4 个 I/O 口可通过软件编程的方式让每位单独接收和发送数据，实现串行通信。本任务中，我们使用单片机的 P1.0 引脚作为数据的发送端连接 MAX232 的接收端，单片机的 P1.1 引脚作为数据的接收端连接 MAX232 的发送端，以此来完成 80C51 与 PC 机之间的通信。综上所述，得到如图 6－2 所示的电路原理图。

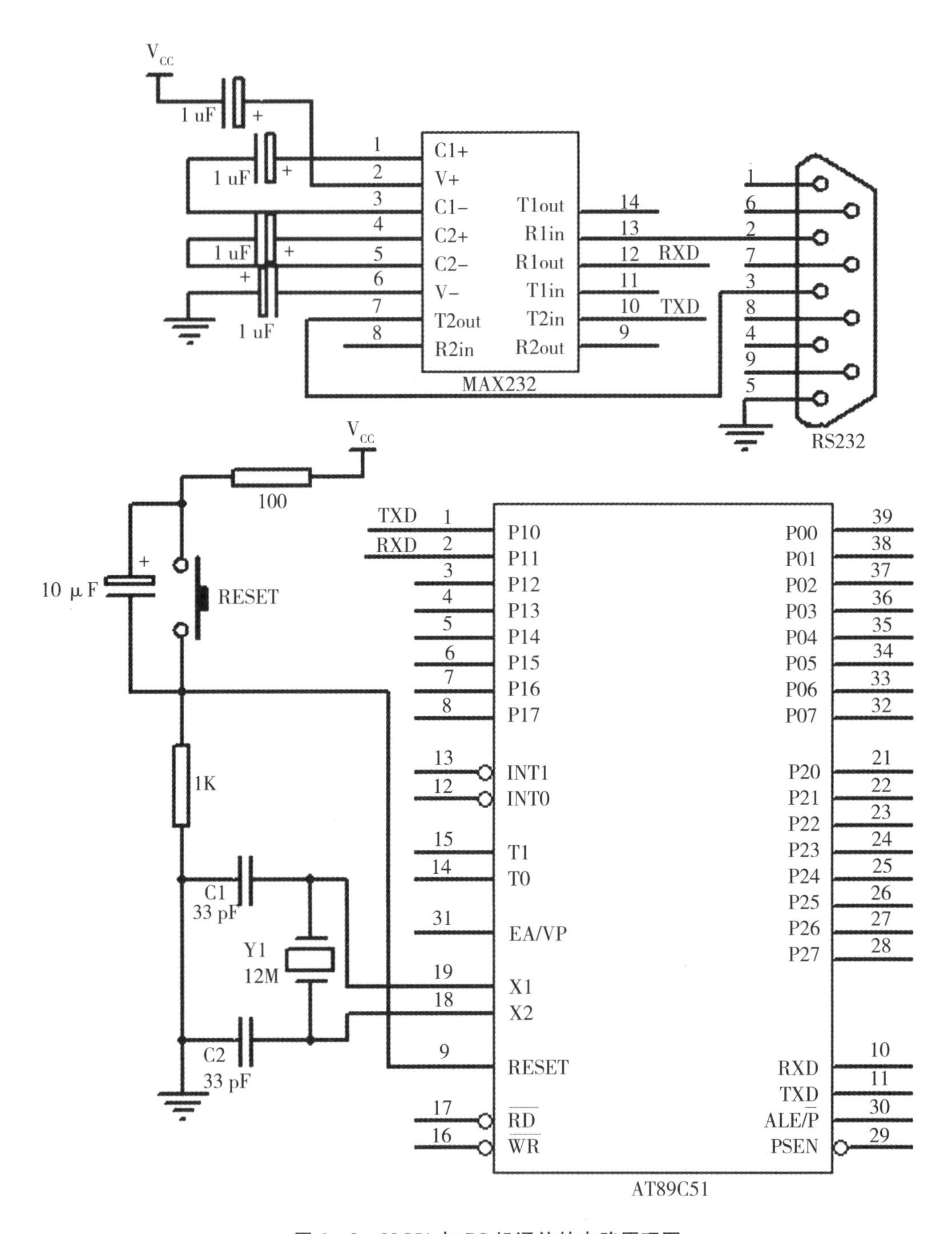

图 6－2　80C51 与 PC 机通信的电路原理图

二、软件程序设计

1. 编写源程序

源程序如下：

RXD_ BIT　　　　P1. 1

```
        TXD_    BIT     P1.0
        ORG     0000H
        AJMP    MAIN
        ORG     0030H
MAIN:   MOV     SP, #60H
        MOV     R0, #30H
START:  JB      RXD_ , $            ；判断是否有起始位出现
        LCALL   DELAY
        MOV     R7, #08H
RXD0:   MOV     C, RXD_
        RRC     A
        LCALL   DELAY
        DJNZ    R7, RXD0            ；接收8位数据
        JNB     RXD_ , $            ；判断是否有停止位出现
        MOV     @R0, A
        SETB    TXD_                ；P1.0置高
        CLR     C
        MOV     TXD_ , C            ；发起始位
        LCALL   DELAY
        MOV     R7, #08H
TXD0:   RRC     A
        MOV     TXD_ , C
        LCALL   DELAY
        DJNZ    R7, TXD0            ；发送8位数据
        SETB    C
        MOV     TXD_ , C
        CALL    DELAY               ；发送停止位
        LJMP    START
DELAY:  MOV     R6, #095
        DJNZ    R6, $
        RET
        END
```

三、程序的在线仿真与调试

(1)单片机最小应用系统的P1.1、P1.0分别连接232串行总线口的RXD、TXD，九孔串行线插入232串行总线口。

(2)用串行数据通信线连接单片机与仿真器，把仿真器插到模块的锁紧插座中，请注意仿真器的方向：缺口朝上。

(3)启动单片机，打开Keil uVision4仿真软件。

(4)首先建立本实验的项目文件，选择“Project” > “New Project”菜单，在弹出的窗口保存工程文件，填写文件名。然后进行仿真器的设置，设置为软件仿真状态。

(5)在弹出的CPU选择对话框中选择ATMEL系列芯片中的AT89C51，然后点击确定。

(6)单击文件工具栏中，在编辑区域编辑汇编源程序，完成后点击保存并将源程序以“. asm”形式保存。

(7)在工程窗口“Source Group 1”中单击鼠标右键，在弹出的快捷菜单中把汇编源文件加入其中。

(8)单击，在弹出的窗口中单击“Debug”(如)，再单击“Settings”，在弹出的窗口选择对应的COM口和波特率(如)。

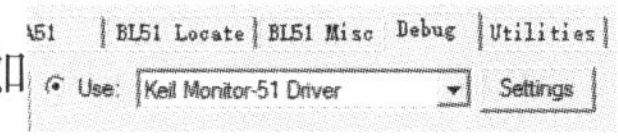

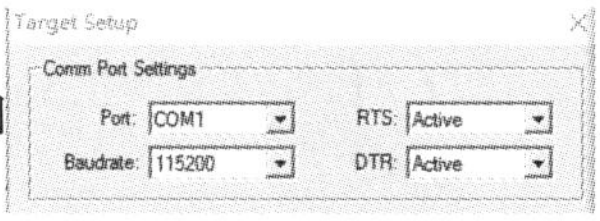

(9)单击编译工具栏中(从左往右)，对汇编源文件进行编译。

(10)单击按钮，运行源程序，然后在弹出的界面单击RUN运行，下载源程序。

(11)打开“串口调试助手”应用程序，选择下列属性：

波特率——115200；数据位——8；奇偶校验——无；停止位——1。

在“发送的字符/数据”区输入一个字符/数据，点击手动发送，接收区收到相同的字符/数据(注意，只能输入一个字符，才能接收正确)。

【巩固练习】

思考为什么在本实验中PC端一次只能发送一个字符？如果想一次发送多个字符应该如何修改程序？

【知识点链接】

一、串行口

1. 串行通信与并行通信

串行通信：数据在一根数据信号线上一位一位地进行传输，传输速度较慢，但只需要一根数据信号线。串行通信可以节约通信成本，在远距离数据通信中应用十分广泛。

并行通信：多位数据可以同时传输，通信速度快，但若通信距离较长，传输线路的成本会随之增加，另外，多位数据在远距离传输中也容易产生信号干扰。因此，并行通信适用短距离的数据通信，如系统内部的数据传输。

2. 异步通信和同步通信

1)异步通信

异步通信以字符为单位，即一个字符一个字符地传送。图 6－3 就是一个字符的异步通信格式。

对异步通信的字符格式作如下说明：

(1)起始位。发送器是通过发送起始位开始一个字符的传送，起始位使数据线处于“Space”状态。

(2)数据位。起始位之后就传送数据位。在数据位中，低位在前(左)，高位在后(右)。由于字符编码方式的不同，数据位可以是 5 位、6 位、7 位或 8 位等。

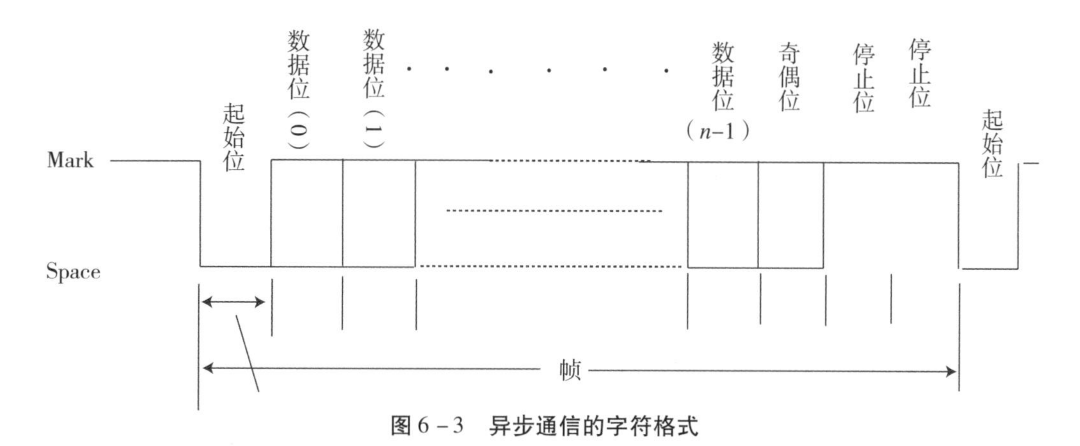

图 6－3　异步通信的字符格式

(3)奇偶校验位。用于对字符传送作正确性检查，因此奇偶校验位是可选择的，共有 3 种可能，即奇校验、偶校验和无校验，由用户根据需要选定。

(4)停止位。停止位在最后，用以标志一个字符传送的结束，它对应于 Mark 状态。停止位可能是 1 位、1.5 位或 2 位，在实际应用中根据需要确定。

异步通信方式不要求接收端时钟和发送端时钟同步。发送端发送完一个字符帧后，可经过任意长的时间间隔再发送下一个。异步通信的数据格式如图 6－3 所示，一个字符帧由起始位、数据位、奇偶校验位和停止位组成。

2)同步通信

同步通信中，在数据开始传送前用同步字符来指示(常约定 1～2 个)，并由时钟来实现发送端和接收端的同步，即检测到规定的同步字符后，下面就连续按顺序传送数据，直到通信告一段落。同步传送时，字符与字符之间没有间隙，也不用起始位和停止位，仅在数据块开始时用同步字符 SYNC 来指示。

同步通信时，接收端和发送端必须先建立同步(即双方的时钟要调整到同一个频率)，才能进行数据的传输。同步通信方式以多个字符组成的数据块为传输单位连续地传送数据，在数据块开始时用同步字符来指示。同步通信对硬件要求较高，适用于需要传送大量数据的场合。

3. 串行通信的数据通路形式

串行数据通信共有以下几种数据通路形式：

(1)单工(simplex)形式。单工形式的数据传送是单向的，通信双方中一方固定为发送端，另一方则固定为接收端。

(2)全双工(full-duplex)形式。全双工形式的数据传送是双向的，且可以同时发送和接收数据，因此全双工形式的串行通信需要两条数据线。

(3)半双工(half-duplex)形式。半双工形式的数据传送也是双向的，但任何时刻只能由其中的一方发送数据，另一方接收数据。因此，半双工形式既可以使用一条数据线，也可以使用两条数据线。

4. 波特率和接收/发送时钟

1)波特率

波特率，即数据传送速率，表示每秒钟传送二进制代码的位数，它的单位是位/秒(bps)。波特率对于 CPU 与外界的通信是很重要的。

2)接收/发送时钟

在串行通信过程中，二进制数以数字信号波形的形式出现，不论接收还是发送，都必须有时钟信号对传送的数据进行定位。接收/发送时钟就是用来控制通信设备接收/发送字符数据速度的，该时钟信号通常由微机内部时钟电路产生。

在接收数据时，接收器在接收时钟的上升沿对接收数据采样，进行数据位检测；在发送数据时，发送器在发送时钟的下降沿将移位寄存器的数据串行移位输出所示。

接收/发送时钟频率与波特率存在如下关系：

$$\text{收/发时钟频率} = n \times \text{收/发波特率}$$

$$\text{收/发波特率} = \frac{\text{收/发时钟频率}}{n}$$

其中，频率系数 $n = 1$、16、64。

对于同步传送方式，必须取 $n = 1$，即接收/发送时钟的频率等于收/发波特率。对于异步传送方式，$n = 1$、16、64，即可以选择的接收/发送时钟频率是波特率的 1 倍、16 倍或 64 倍。因此，可由要求的传送波特率及所选择的倍数 n 来确定接收/发送时钟的频率。

例如，若要求数据传送的波特率为 300 bps，则：

$$\text{接收/发送时钟频率} = 300\ \text{Hz}(n = 1)$$

$$\text{接收/发送时钟频率} = 4\ 800\ \text{Hz}(n = 16)$$

$$\text{接收/发送时钟频率} = 19.2\ \text{k Hz}(n = 64)$$

接收/发送时钟的周期 T_c 与发送的数据位宽 T_d 之间的关系是：

$$T_c = \frac{T_d}{n}\ (\text{n} = 1、16、64)$$

若取 $n = 16$，那么异步传送接收数据实现同步的过程如下：接收器在每一个接收时钟的上升沿采样接收数据线，当发现接收数据线出现低电平时就认为是起始位的开始，以后若在连续的8 个时钟周期($n = 16$，故 $T_d = 16\ T_c$)内检测到接收数据线仍保持低电平，则确定它为起始位(不是干扰信号)。通过这种方法，不仅能够排除接收线上的噪声干扰，识别假起始位，而且能够相当精确地确定起始位的中间点，从而提供一个准确的时间基准。从这个基准算起，每隔 16 T_c 采样一次数据线，作为输入数据。一般来说，从接收数据线上检测到一个下降沿开始，若其低电平能保持 $n/2$ T_c(半位时间)，则确定为起始位，其后每间隔 n T_c 时间(一个数据位时间)在每个数据位的中间点采样。

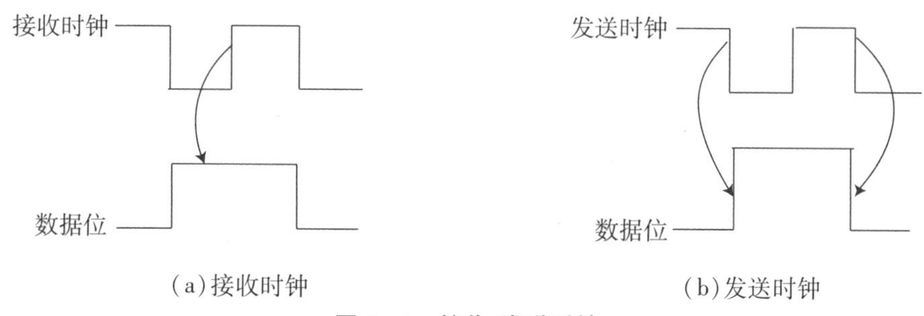

图 6－4　接收/发送时钟

二、MCS－51 的串行口及控制寄存器

1. 串行口寄存器结构

MCS－51 单片机串行口中寄存器的基本结构如图 6－5 所示。

图 6－5 中，SBUF 是一个串行口的缓冲寄存器，也是一个可寻址的专用寄存器，其中包括发送寄存器和接收寄存器，以便能以全双工方式进行通信。这两个寄存器有同一地址(99H)，串行发送时，向 SBUF 写入数据；串行接收时，从 SBUF 读出数据。

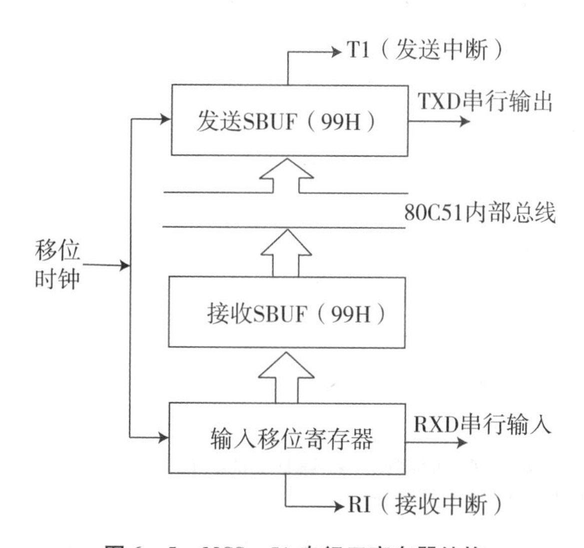

图 6－5　MCS－51 串行口寄存器结构

2. 串行通信控制寄存器

1)串行控制寄存器 SCON

串行通信控制寄存器用于串行数据通信的控制，单元地址 98H，位地址 9FH～98H。寄存器的内容及位地址如表 6－1 所示。

表 6－1　寄存器的内容及位地址

位地址	9F	9E	9D	9C	9B	9A	99	98
位符号	SM0	SM1	SM2	REM	TB8	RB8	T1	R1

各位功能说明如下：

(1)SM0 、SM1——串行口工作方式选择位。

表 6－2 所示为串行口的工作方式。

表 6－2　串行口的工作方式

SM0	SM1	工作方式	说　明	波特率
0	0	方式 0	同步移位寄存器	$f_{osc}/12$
0	1	方式 1	10 位异步收发	由定时器控制
1	0	方式 2	11 位异步收发	$f_{osc}/32$ 或 $f_{osc}/64$
1	1	方式 3	11 位异步收发	由定时器控制

(2)SM2——多机通信控制位。

因为多机通信是在方式 2 和方式 3 下进行的，因此 SM2 位主要用于方式 2 和方式 3。当串行口以方式 2 或方式 3 接收时，如 SM2 =1，则只有当接收到的第 9 位数据(RB8)为 1 时，才将接收到的前 8 位数据送入 SBUF，并置位 R1 产生中断请求；否则，将接收到的前 8 位数据丢弃。而当 SM2 =0 时，则不论第 9 位数据为 0 还是为 1，都会将前 8 位数据装入 SBUF 中，并产生中断请求。在方式 0 时，SM2 必须为 0。

(3)REN——允许接收位。

REN 位用于对串行数据的接收进行控制：REN =0，禁止接收；REN =1，允许接收。

(4)TB——发送数据位 8。

在方式 2 或方式 3 时，TB 是要发送的第 9 位数据。

(5)RB8——接收数据位 8。

在方式 2 或方式 3 时，RB8 存放接收到的第 9 位数据，代表接收数据的某种特征。

(6)T1——发送中断标志。

当方式 0 时，发送完第 8 位数据后，该位由硬件置位。

(7)R1——接收中断标志。

当方式 0 时，接收完第 8 位数据后，该位由硬件置位，R1 位由软件清 0。

2)电源控制寄存器 PCON

PCON 主要是为 CHMOS 型单片机的电源控制而设置的专用寄存器，单元地址内容如表 6－3 所示。

表 6－3 单元地址内容

位序	D7	D6	D5	D4	D3	D2	D1	D0
位符号	SMOD	—	—	—	GF1	GF0	PD	IDL

在 HMOS 的单片机中，该寄存器中除最高位外，其他位都是虚设的。最高位（SMOD）是串行口波特率的倍增位，当 SMOD＝1 时，串行口波特率加倍。系统复位时，SMOD＝0。

PCON 寄存器不能进行位寻址，因此，表 6－3 中写了“位序”而不是“位地址”。

三、MCS－51 串行通信工作方式及其应用

MCS－51 单片机的串行口共有 4 种工作方式，以下将分别介绍。

1. 串行工作方式 0

（1）在方式 0 下，串行口 P3.1 作为同步移位寄存器使用。这时以 RXD（P3.0）端作为数据移位的入口和出口，而由 TXD（P3.1）端提供移位时钟脉冲。移位数据的发送和接收以 8 位为一帧，不设起始位和停止位，低位在前，高位在后。其帧格式如下：

…	D_0	D_1	D_2	D_3	D_4	D_5	D_6	D_7	…

（2）应用举例。

使用 CD4094 的并行输出端连接 8 支发光二极管，利用它的“串入并出”功能，把发光二极管从左向右依次点亮，并反复循环。

当串行口把 8 位状态码串行移位输出后，T1 置 1。如把 T1 作为状态查询标志，则使用查询方法完成的参考程序如下：

```
        MOV     SCON，#00H      ；串行口方式 0 工作
        CLR     ES              ；禁止串行中断
        MOV     A，#80H         ；发光管从左边亮起
DELR：  CLR     P1.0            ；关闭并行输出
        MOV     SBUF，A         ；串行输出
        JNB     T1，$           ；状态查询
        SETB    P1.0            ；开启并行输出
        ACALL   DELAY           ；状态维持
        CLR     T1              ；清发送中断标志
        RR      A               ；发光右移
        AJMP    DELR            ；继续
```

此外，串行口的并行 I/O 扩展功能还常用于 LED 显示器接口电路，但这种应用有时受速度的限制。

2. 串行工作方式 1

1）串行工作方式 1 帧格式

方式 1 是 10 位为一帧的异步串行通信方式，共包括 1 个起始位，8 个数据位和 1 个停止位，其帧格式如下：

起始	D0	D1	D2	D3	D4	D5	D6	D7	停止

取走接收到的一个字符。

2）波特率的设定

方式 0 的波特率是固定的，但方式 1 的波特率则是可变的，其波特率由定时器 1 的计数溢出率来决定，其公式为：

$$\text{波特率} = \frac{2^{smod}}{32} \times (\text{定时器 1 溢出率})$$

其中，smod 为 PCON 寄存器最高位的值。

当定时器 1 作为波特率发生器使用时，通常选用工作方式 2(8 位自动加载)。假定计数初值为 X，则计数溢出周期为：

$$\frac{12}{f_{ose}} \times (256 - X)$$

溢出率为溢出周期的倒数。

则波特率计算公式为：

$$\text{波特率} = \frac{2^{smod}}{32} \times \frac{f_{osc}}{12 \times (256 - X)}$$

在实际使用时，总是先确定波特率，再计算定时器 1 的计数初值，然后进行定时器的初始化。根据上述波特率计算公式，得出计数初值的计算公式为：

$$X = 256 - \frac{f_{osc} \times (2^{smod})}{384 \times \text{波特率}}$$

之所以选择方式 2，是因为方式 2 具有自动加载功能，可避免通过程序反复装入初值所引起的定时误差，使波特率更加稳定。

3）应用举例

假定甲、乙机以方式 1 进行串行数据通信，其波特率为 1 200 bps。甲机发送，发送数据在外部 RAM 4000H ~401FH 单元中。乙机接收，并把接收到的数据块首、末地址及数据依次存入外部 RAM 5000H 开始的区域中。

解题说明：

(1)假设晶振频率为 6 MHz，按 1 200 bps，计算定时器 1 的计数初值：

$$X = 256 - \frac{6 \times 10^6 \times 1}{384 \times 1200} = 256 - 13 = 243 = \text{F2H}$$

(2)smod =0，波特率不倍增，则应使 PCON =00H。

(3)串行发送的内容包括数据块的首、末地址和数据两部分内容。对数据块首、末地址以查询方式传送，而数据则以中断方式传送，因此在程序中要先禁止串行中断，后允许串行中断。

(4)数据的传送是在中断服务程序中完成的。数据为ASCII码形式，其最高位作为奇偶校验位使用。MCS-51单片机的PSW中有奇偶校验位P，当累加器A中1的数目为奇数时，P=1。但是如果直接把甲的值送入ASCII码的最高位，又变成了偶校验，与要求不符。为此，应把P值取反后送入最高位才能达到奇偶校验的要求。

下面是发送和接收的参考程序。

甲机发送主程序：

```
        ORG     8023H
        AJMP    ACINT
        ORG     8030H
        MOV     TMOD,   #20H        ；设置定时器1工作方式2
        MOV     TL1,    # F2H       ；定时器1计数初值
        MOV     TH1,    # F2H       ；计数重装值
        CLR     EA                  ；中断总允许
        SETB    ES                  ；禁止串行中断
        MOV     PCON,   # 00H       ；波特率不倍增
        SETB    TR1                 ；启动定时器1
        MOV     SCON,   # 50H       ；设置串行口方式1，REN=1
        MOV     SBUF,   # 40H       ；发送数据区首地址高位
SOUT1：  JNB     T1,     $           ；等待一帧发送完毕
        CLR     T1                  ；清发送中断标志
        MOV     SBUF,   # 00H       ；发送数据区首地址低位
SOUT2：  JNB     T1,     $           ；等待一帧发送完毕
        CLR     T1
        MOV     SBUF,   # 40H       ；发送数据区末地址高位
SOUT3：  JNB     T1,     $           ；等待一帧发送完毕
        CLR     T1                  ；清发送中断标志
        MOV     SBUF,   # 1FH       ；发送数据区本地址低位
SOUT4：  JNB     T1,     $           ；等待一帧发送完毕
        CLR     T1
        MOV     DPTR,   # 4000H     ；数据区地址指针
        MOV     R7,     20H         ；数据个数
        SETB    ES                  ；开放串行中断
AHALT：  AJMP    $                   ；等待中断
```

甲机中断服务程序：

```
        ORG     8100H
ACINT：  MOVX    A,      @ DPTR      ；读数据
```

```
        CLR     T1                      ；清发送中断
        MOV     C,       P              ；奇偶标志赋予 C
        CPL     C                       ；C 取反
        MOV     ACC.7,   C              ；送 ASCII 码高位
        MOV     SBUF,    A              ；发送字符
        CJNE    R7，#00H，AEND1          ；发送完转 AEND1
        INC     DPTR
        AJMP    AEND2                   ；未发送完转 AEND2
AENDl:  CLR     ES                      ；禁止串行中断
        CLR     TR1                     ；定时器 1 停止计数
AEND2:  RET1                            ；中断返回
乙机接收主程序：
        ORG     8023H
        AJMP    BCINT
        ORG     8030H
        MOV     TMOD,    #20H           ；设置定时器 1 工作方式 2
        MOV     TH1,     #F2H           ；定时器 1 计数初值
        MOV     TL1,     #F2H           ；计数器重装值
        SETB    EA                      ；中断总允许
        CLR     ES                      ；禁止串行中断
        MOV     PCON,    #00H           ；波特率不倍增
        SETB    TR1                     ；启动定时
        MOV     SCON,    #50H           ；设置串行口方式 1，REN =1
        MOV     DPTR,    #5000H         ；数据存放首地址
        MOV     R7,      #20H           ；接收数据个数
SIN1:   JNB     R1,      $              ；等待
        CLR     R1                      ；清接收中断标志
        MOV     A,       SBUF           ；接收数据区首地址高位
        MOVX    @DPTR,   A              ；存首地址高位
        INC     DPTR                    ；地址指针增量
SIN2:   JNB     R1,      $
        CLR     R1
        MOV     A,       SBUF           ；接收数据区首地址低位
        MOVX    @DPTR,   A              ；存首地址低位
        INC     DPTR
SIN3:   JNB     R1,      $
        CLR     R1
        MOV     A,       SNUF           ；接收数据区末地址高位
```

```
        MOVX    @DPTR,  A        ；存末地址高位
        INC     DPTR
SIN4:   JNB     R1,     $
        CLR     R1
        MOV     A,      SNUF     ；接收数据区末地址低位
        MOVX    @DPTR,  A        ；存末地址低位
        INC     DPTR
        SETB    ES               ；开放串行中断
BHALT:  AJMP    $                ；等待中断
```

乙机中断服务程序：

```
        ORG     8100H
BCINT:  MOV     A,      SBUF     ；接收数据
        MOV     C,      P        ；奇偶标志赋予 C
        CPL     C                ；C 取反
        ANL     A,      #7FH     ；删去校验位
        MOVX    @DPTR,  A        ；存数据
        CLR     R1               ；清接收中断标志
        CJNE    R7, #00H,BEND1   ；接收完转 BEND1
        INC     DPTR
        AJMP    AEND2            ；没接收完转 BEND2
BEND1:  CLR     ES               ；禁止串行中断
        CLR     TR1              ；定时器 1 停止计数
BEND2:  RET1                     ；中断返回
```

3. 串行工作方式 2

方式 2 是 11 位为一帧的串行通信方式，即 1 个起始位、9 个数据位和 1 个停止位。

在方式 2 下，字符还是 8 个数据位。而第 9 数据位既可作为奇偶校验位使用，也可作为控制位使用，其功能由用户确定。发送之前应先在 SCON 的 TB8 位中准备好，可使用如下指令完成：

```
SETB    TB8         ；TB8 位置 1
SETB    TB8         ；TB8 位置 0
```

准备好第 9 数据位之后，再向 SBUF 写入字符的 8 个数据位，并以此来启动串行发送。一个字符帧发送完毕后，将 T1 位置 1，其过程与方式 1 相同。方式 2 的接收过程也与方式 1 基本类似，所不同的只在第 9 数据位上，串行口把接收到的 8 个数据送入 SBUF，而把第 9 数据位送入 RB8。

方式 2 的波特率是固定的，且有两种，一种是晶振频率的 1/32；另一种是晶振频率的 1/64。即 $f_{osc}/32$ 和 $f_{osc}/64$。用公式表示则为：

$$波特率 = \frac{2^{smod}}{64} \times f_{osc}$$

即与 PCON 寄存器中 smod 位的值有关。当 smod = 0 时，波特率为 f_{osc} 的 1/64；当 smod = 1 时，波特率等于 f_{osc} 的 1/32。

4. 串行工作方式 3

方式 3 同样是 11 位为一帧的串行通信方式，其通信过程与方式 2 完全相同，所不同的仅在于波特率。方式 2 的波特率只有固定的两种，而方式 3 的波特率则可由用户根据需要设定。设定方法与方式 1 一样，即通过设置定时器 1 的初值来设定波特率。

四、RS – 232C

RS – 232C 串行通信协议的制定时间早于 TTL 电路的产生，与 TTL、MOS 逻辑电平规定不同，该标准采用负逻辑。电平值为 – 15 ~ – 3 V 的低电平表示逻辑“1”；电平值为 + 3 ~ + 15 V 的高电平表示逻辑“0”。因此，RS – 232C 不能直接与 TTL 电路连接，使用时必须加上适当的电平转换电路，否则将烧毁 TTL 电路。目前较为常用的电平转换芯片有 MAX232、MC1488 和 MC1489 等。

1. RS – 232C 引脚功能

标准 RS – 232C 接口采用的是 25 针 D 型连接器，如图 6 – 6 所示。大部分的通信系统中只用到其中的 9 个引脚，因此，实际工作中常采用 9 针串行口，其原理图和实物图如图 6 – 7 和 6 – 8 所示。表 6 – 4 所示为 9 针串行 D 和 25 针串行 D 部分引脚功能。另外，在一些简单的通信系统中，只需使用 TXD、RXD 和 GND3 个引脚就可以完成数据通信。

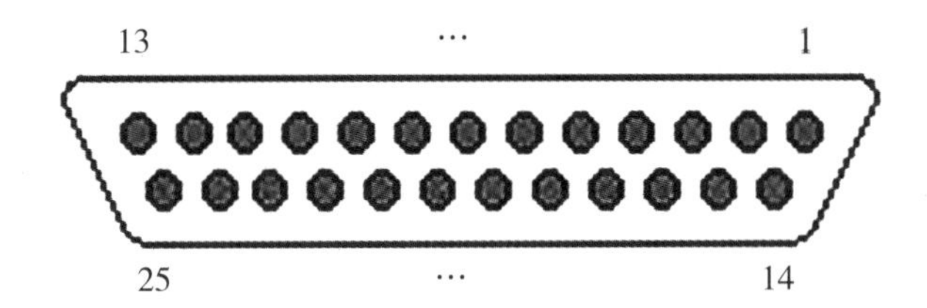

图 6 – 6　25 针串行口原理图

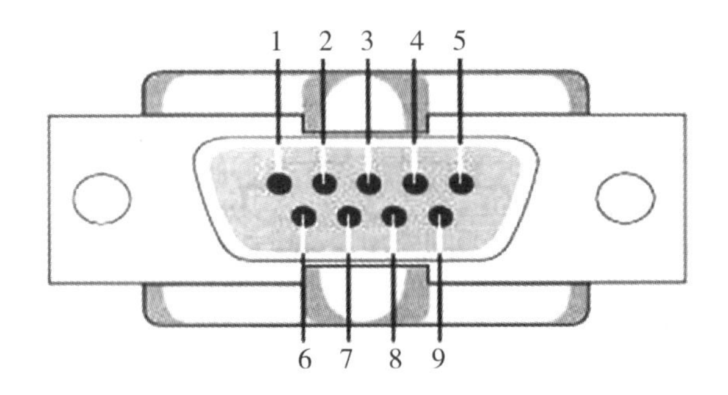

图 6 – 7　9 针串行口原理图

图6-8　9针串行口实图

表6-4　9针串行口和25针串行口部分引脚功能表

9针引脚	25针引脚	简　写	功　能
1	8	CD	载波侦测(carrier detect)
2	3	RXD	接收数据(receive data)
3	2	TXD	发送数据(transmit data)
4	20	DTR	数据终端准备(data terminal ready)
5	7	GND	地线(ground)
6	6	DSR	数据准备好(data set ready)
7	4	RTS	请求发送(request to send)
8	5	CTS	清除发送(clear to send)
9	22	R1	振铃指示(ring Indicator)

2. RS-232C的通信距离和速度

RS-232C规定最大的负载电容为2500 pF，这个数值在不使用调制解调器(modem)时限制了传输距离和传输速率，RS-232能够可靠地进行数据传输的最大通信距离为15m(小)，对于RS-232C远程通信，必须通过调制解调器进行远程通信连接。RS-232C接口最大传输速率为20 kbps，能够提供的传输速率主要有以下几挡：1200 bps、2400 bps、4800 bps、9600 bps、19200 bps等。另外，由于传输距离与传输速度成反比，因此适当地降低传输速度，可以延长RS-232的传输距离，提高通信的稳定性。在仪器、仪表或工业控制场合，9600 bps是最常见的传输速率。

【学习检测】

将80C51和PC的通信改为单片机的串行口来完成系统的设计并用编程实现此功能。

项目七　A/D 模数 D/A 数模转换实验

【引　入】

单片机是数字部件，只能处理数字量“0”或“1”。在实际应用场合中，会有一些模拟量需要单片机来处理，此时，单片机就需要连接 A/D 转换器(analog to digital converter，模数转换器)将模拟量转换为数字量，再进行相应处理；同时也有一些终端控制部件只能接受模拟量，此时，单片机就需要连接 D/A 转换器将其输出的数字量转换为模拟量，然后才能对终端部件实施控制。如下图所示为 A/D、D/A 转换器与单片机的连接。

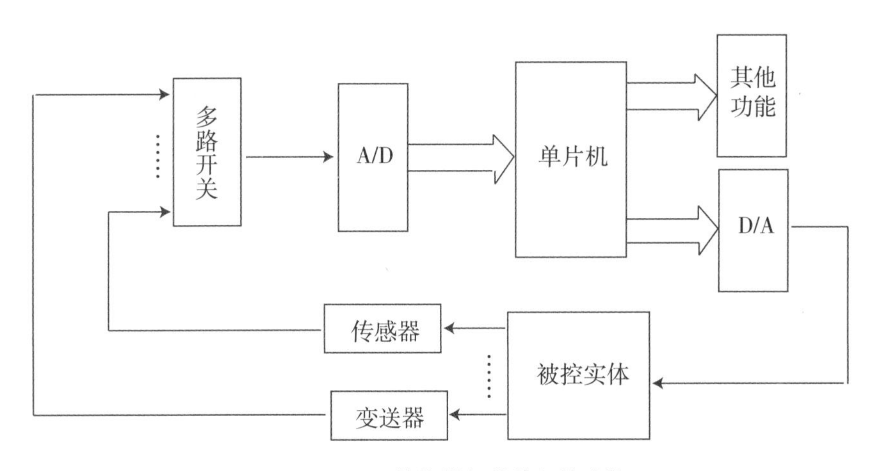

图 A/D、D/A 转换器与单片机的连接

【技能要求】

1. 掌握 ADC0809 模/数转换芯片与单片机的连接方法及 ADC0809 的典型应用
2. 掌握用查询方式、中断方式完成模/数转换程序的编写方法

任务一　ADC0809 模数转换实验

【任务目标】

1. 掌握 ADC0809 模/数转换芯片与单片机的连接方法及 ADC0809 的典型应用
2. 掌握用查询方式、中断方式完成模/数转换程序的编写方法

【任务描述】

模拟量转化为数字量，5LED 静态显示“AD　XX”，“XX”为 AD 转换后的值，8 位发光二极管显示“XX”的二进制值，调节模拟信号输入端的电位器旋钮，显示值随之变化，顺时针旋转值增大，AD 的转换值为 00 ~ FFH。

【任务分析】

本任务利用单片机系统实现将输入电压值的“模拟量”转换为数字量，通过 LED 将具体的电压值以“数字”的形式显示出来。当旋钮旋动，输入的模拟量改变时，LED 的显示值实时反映所改变的电压值。

【任务实施】

一、硬件设计

1. 设计思路

利用 ADC0809 模数转换器来完成模拟量与数字量的转化。当输入电压值随着旋钮的旋转发生变化时，ADC0809 模数转换器的输出也会发生相应的变化。ADC0809 的模拟量输入端与电压值的输入旋钮相连，ADC0809 的模拟量输出端与单片机的 P0 口相连。单片机的数字量输出显示参见项目五。

2. 电路设计

1)8 路 8 位 A/D 转换器 ADC0809

ADC0809 可以实现 8 路模拟信号的分时转换，8 路模拟输入通道的选择见表 7-1-1。3 个地址信号 ADDA、ADDB 和 ADDC 决定哪一路模拟信号被选中并被送到内部 A/D 转换器中进行转换。转换时采用逐次逼近式 A/D 转换器，将模拟量 Vx 转换为数字量。转换完成后发出转换结束信号 EOC(高电平有效，经反相器后，可向 CPU 发出中断请求)，表示一次转换结束。此时 CPU 发出输出允许命令 OE(高电平有效)，表示可以读取数据。

表 7－1－1　8 路模拟输入通道寻址表

ADDC	ADDB	ADDA	输入通道
0	0	0	IN0
0	0	1	IN1
0	1	0	IN2
⋮	⋮	⋮	⋮
1	1	1	IN7

(1)引脚功能。

如图 7－1－1 图所示为 ADC0809 的引脚图，如图 7－1－2 所示为 ADC0809 的实物图。

ADC0809

引脚	左侧	右侧	引脚
1	IN-3	IN-2	28
2	IN-4	IN-1	27
3	IN-5	IN-0	26
4	IN-6	ADD-A	25
5	IN-7	ADD-B	24
6	START	ADD-C	23
7	EOC	ALE	22
8	D3	D7	21
9	OE	D6	20
10	CLOCK	D5	19
11	VCC	D4	18
12	fef（+）	D0	17
13	GND	fef（－）	16
14	D1	D2	15

图 7－1－1　ADC0809 引脚图

图 7－1－2　ADC0809 实物图

各引脚具体功能如下：

①START：A/D 转换启动信号端。START 端输入下降沿时启动芯片，开始 A/D 转换，在数据转换期间该引脚需要保持低电平状态；START 端输入上升沿时复位芯片。

②EOC：转化结束信号输出端。EOC =0 时，表示正在进行转换；EOC =1 时，表示转换结束。即可作为查询的状态标志，也可作为中断请求信号。

③OE：输出允许信号端，用于控制三态输出锁存器向单片机输出转换后的数字量。OE =0 时，输出数据线呈高阻；OE =1 时，输出转换得到的数据。

④CLOCK：时钟信号端。ADC0809 内部没有时钟发生装置，该引脚用于连接外部时钟。时钟频率为 10 ~1280 kHz，典型值为 640 kHz。

⑤V_{CC}：电源端，接 +5 V 电压。

⑥$V_{ref}(+)$和 $V_{ref}(-)$：正、负基准电压输入端(典型值为 +5 V)，用来与输入的模拟信号进行比较，作为逐次逼近的基准。

⑦GND：接地端。

⑧ALE：地址锁存允许端，高电平有效。用于将 ADDA ~ ADDC 地址状态送入地址锁存器。

⑨IN0 ~ IN7：模拟量输入通道。

⑩D0 ~ D7：数字量输出通道，可以与单片机直接相连。

⑪ADDA ~ ADDC：地址码输入线，用于选择通道。

(2)内部结构。

A/D 转换器的内部结构如图 7 -1 -3 所示。

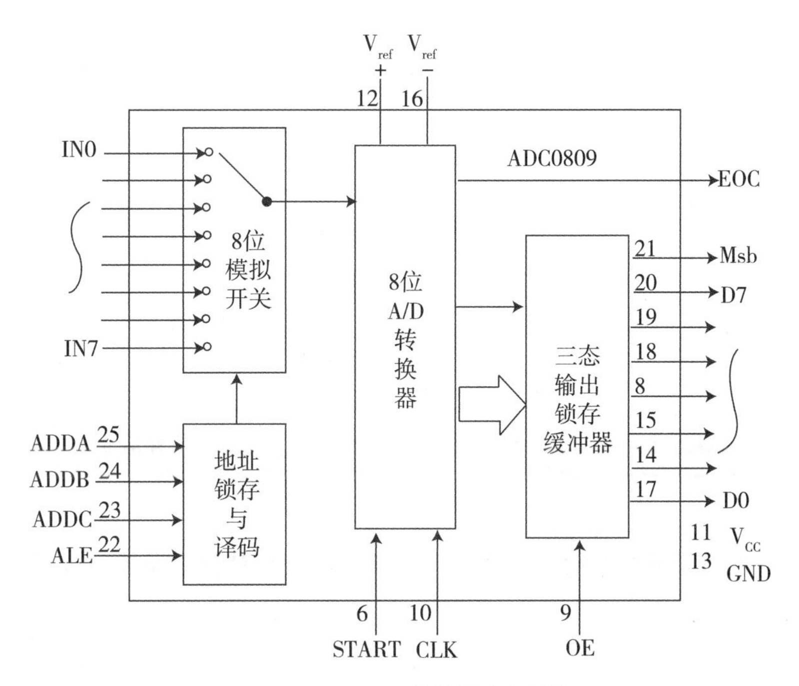

图 7 -1 -3　A/D 转换器内部结构

A/D 转换器主要由 8 位模拟开关电路、地址锁存与译码电路、8 位 A/D 转换器以及三态输出锁存缓冲器组成。ADC0809 芯片采用的是一种经济的多路数据采集方法，8 位模拟开关可选通 8 个模拟通道，允许 8 路模拟量分时输入，共用一个 A/D 转换器进行转换，转换结果通过三态输出锁存器输出。

(3) A/D 转换器的基本原理。

A/D 转换器用于将模拟信号转换为数字信号，如图 7－1－4 所示。

图 7－1－4

从模拟量到数字量的转换可以分为采样、保持、量化和编码四个步骤。

①采样：时间上离散的脉冲采样值，如图 7－1－5 所示。

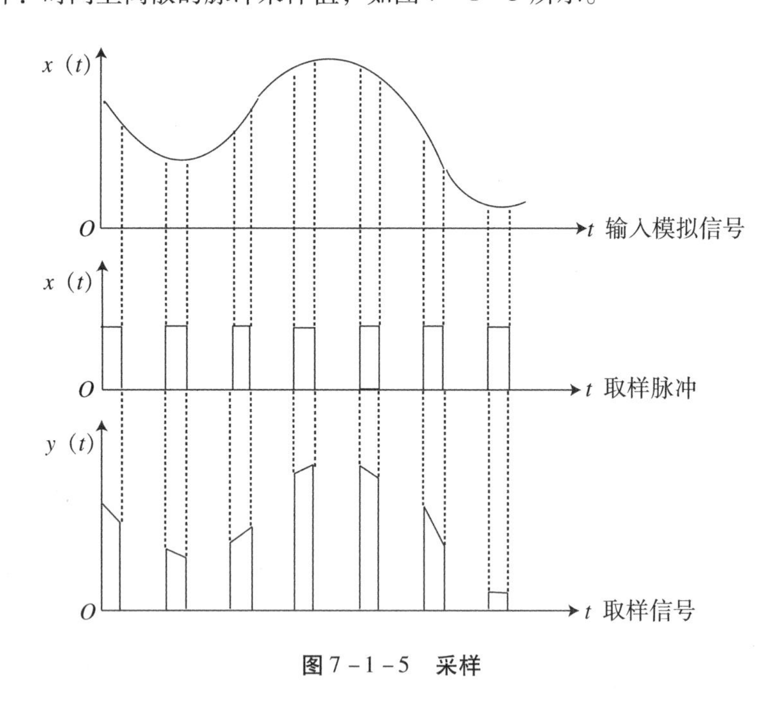

图 7－1－5　采样

②保持：保持是指在两次采样之间，将前一次采样值保存下来，使其在量化编码期间不发生变化，如图 7－1－6 所示。

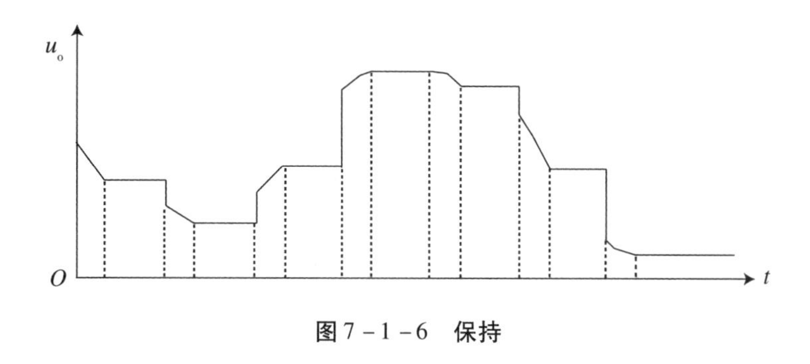

图 7-1-6　保持

③量化：量化是将采样保持电路输出的模拟电压转化为最小数字量单位的整数倍。

④编码：编码是指将量化后的数值通过编码用代码表示出来，代码就是 A/D 转换器输出的数字量。

(4) A/D 转换器的种类。

A/D 转换器按照输出代码的有效位数可以分为 4 位、6 位、8 位、10 位、12 位、14 位、16 位和 BCD 码输出的 3 位、4 位、5 位等多种；按照转换速度可以分为超高速(转换时间≤1 ns)、高速(转换时间≤1 μs)、中速(转换时间≤1 ms)、低速(转换时间≤1 s)等几种；按转化原理的不同可以分为双积分型 A/D 转换器、逐次逼近式 A/D 转换器以及并行比较型 A/D 转换器等。

(5) A/D 转换器的主要性能指标。

①分辨率：分辨率指 A/D 转换器对输入模拟信号的分辨能力。从理论上讲，一个 n 位二进制数输出的 A/D 转换器应能区分输入模拟电压的 $2n$ 个不同量级，能区分输入模拟电压的最小差异为满量程输入的 $1/2n$。

②转换误差：转换误差表示 A/D 转换器实际输出的数字量和理论上输出的数字量之间的差别。

③转换时间：转换时间是指 A/D 转换器从接到转换启动信号开始，到输出端获得稳定的数字信号所经过的时间。A/D 转换器的转换速度主要取决于转换电路的类型，不同类型 A/D 转换器的转换速度相差很大。

a. 双积分型 A/D 转换器的转换速度最慢，需几百毫秒左右；

b. 逐次逼近式 A/D 转换器的转换速度较快，需几十微秒；

c. 并行比较型 A/D 转换器的转换速度最快，仅需几十纳秒时间。

2) 输出显示电路

输出显示电路已在项目五中介绍过，因此本任务中的输出显示电路可参考项目五。

综上所述，得到图 7-1-7 所示的单片机控制 ADC 模数转换原理图。

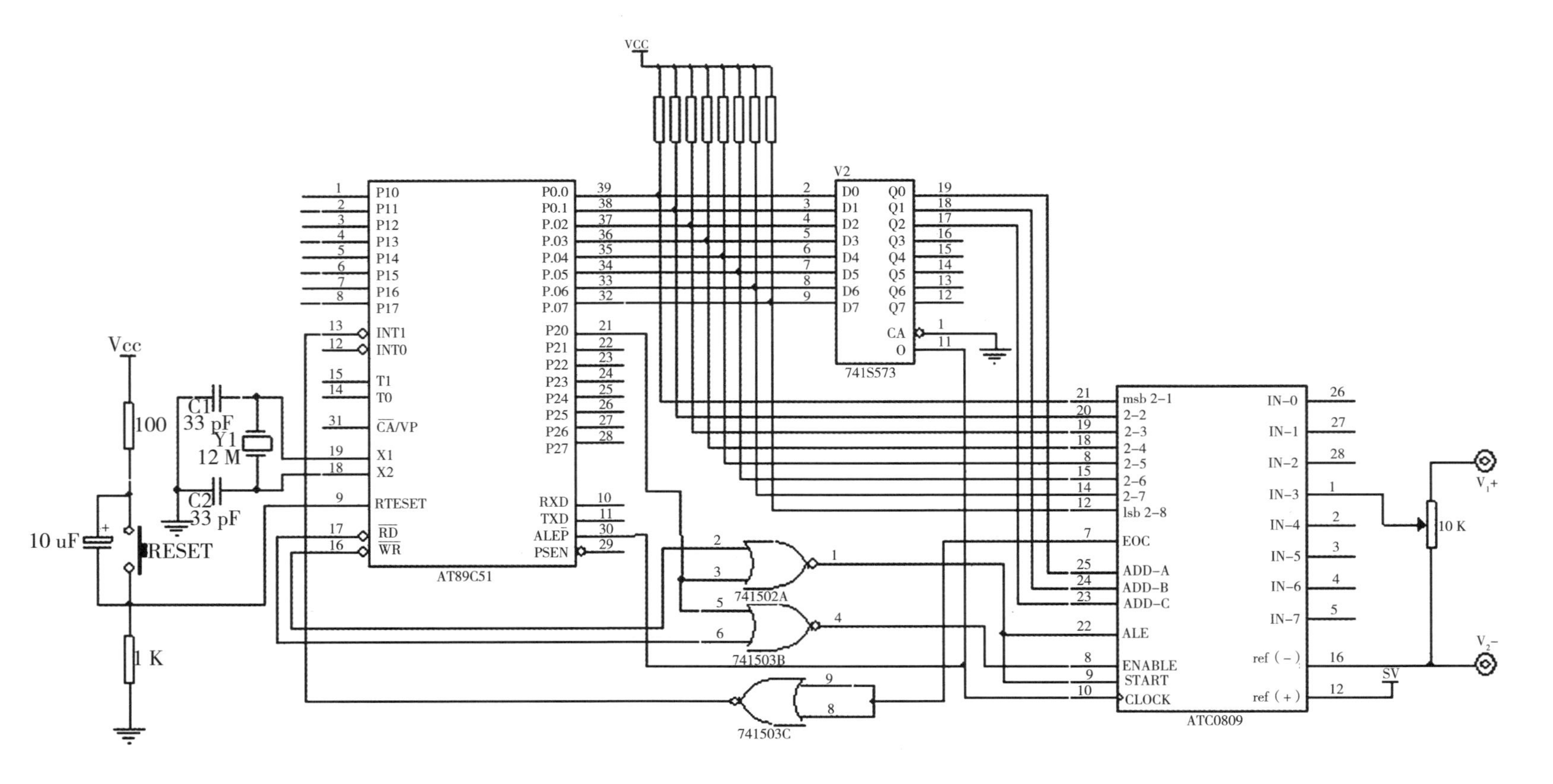

图 7－1－8　单片机控制 ADC 模数转换原理图

二、软件程序设计

1. 绘制程序流程图

图7－1－8 所示为单片机控制 ADC 模数转换程序流程图。

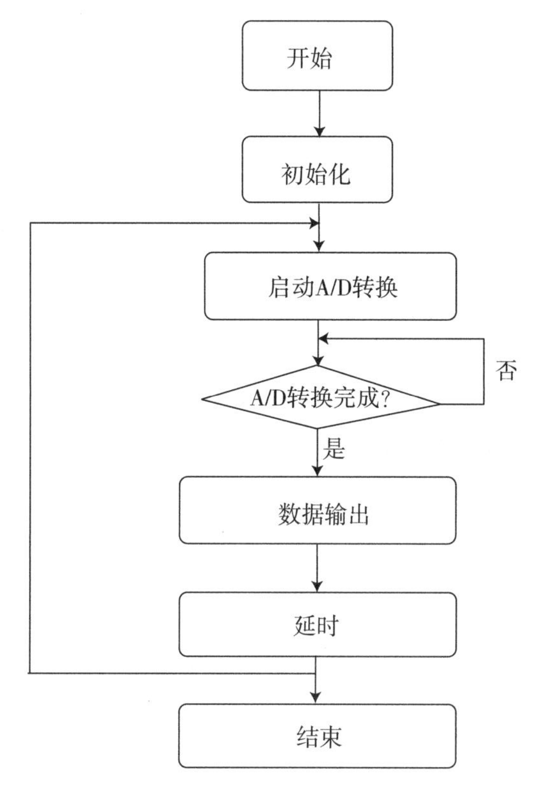

图7－1－8　单片机控制 ADC 模数转换程序流程图

2. 编写源程序

源程序如下：

```
            DBUF    EQU         30H
            TEMP    EQU         40H
            DIN     BIT         P1.0
            CLK     BIT         P1.1
            ORG     0000H
            LJMP    START
            ORG     30H
START：MOV     R0，#DBUF       ；显示缓冲器存放0AH，0DH，－，0XH，0XH
       MOV     @R0，#0AH       ；串行静态显示“AD  XX”，XX 表示 00～FF
       INC     R0
       MOV     @R0，#0DH
       INC     R0
```

```
        MOV   @R0, #10H
        INC   R0
        MOV   DPTR, #0FEF3H; A/D 地址
        MOV   A, #0           ; 清零
        MOVX  @DPTR, A        ; 启动 A/D
        JNB   P3.3, $         ; 等待转换结束
        MOVX  A, @DPTR        ; 读入结果
        MOV   P1, A           ; 转换结果送入发光二极管显示
        MOV   B, A            ; 累加器内容存入 B 中
        SWAP  A               ; A 的内容高四位与低四位交换
        ANL   A, #0FH         ; A 的内容高四位清零
        XCH   A, @R0          ; A/D 转换结果高位送入 DBUF3 中
        INC   R0
        MOV   A, B            ; 取出 A/D 转换后的结果
        ANL   A, #0FH         ; A 的内容高四位清零
        XCH   A, @R0          ; 结果低位送入 DBUF4 中
        ACALL DISP1           ; 串行静态显示“AD  XX”
        ACALL DELAY           ; 延时
        AJMP  START
DISP1:                        ; 静态显示子程序
        MOV   R0, #DBUF
        MOV   R1, #TEMP
        MOV   R2, #5
DP10:   MOV   DPTR, #SEGTAB; 表头地址
        MOV   A, @R0
        MOVC  A, @A+DPTR      ; 取段码
        MOV   @R1, A          ; 到 TEMP 中
        INC   R0
        INC   R1
        DJNZ  R2, DP10
        MOV   R0, #TEMP       ; 段码地址指针
        MOV   R1, #5          ; 段码字节数
DP12:   MOV   R2, #8          ; 移位次数
        MOV   A, @R0          ; 取段码
DP13:   RLC   A               ; 段码左移
        MOV   DIN, C          ; 输出一位段码
        CLR   CLK             ; 发送一个位移脉冲
        SETB  CLK
```

```
        DJNZ  R2, DP13
        INC   R0
        DJNZ  R1, DP12
        RET
SEGTAB: DB  3FH, 6, 5BH, 4FH, 66H, 6DH
        DB  7DH, 7, 7FH, 6FH, 77H, 7CH
        DB  39H, 5EH, 79H, 71H, 0, 40H
DELAY:  MOV    R4, #08H              ; 延时
AA1:    MOV    R5, #0FFH
AA:     NOP
        NOP
        DJNZ   R5, AA
        DJNZ   R4, AA1
        RET
        END
```

三、程序的在线仿真与调试

(1)单片机最小应用系统的 P0 口、Q0 ~ Q7 口分别接 A/D 转换的 D0 ~ D7 口、A0 ~ A7 口，单片机最小应用系统的 P2.0、ALE、INT1、WR、RD 分别接 A/D 转换的 P2.0、CLOCK、INT1、WR、RD，A/D 转换的 V_i + 、V_i − 接 +5 V、GND，单片机最小应用系统的 P1.0、P1.1 连接到串行静态显示实验模块的 DIN、CLK。

(2)用串行数据通信线连接单片机与仿真器，把仿真器插到模块的锁紧插座中，请注意仿真器的方向：缺口朝上。

(3)启动单片机，打开 Keil uVision4 仿真软件。

(4)首先建立本实验的项目文件，选择“Project” > “New Project”菜单，在弹出的窗口保存工程文件，填写文件名。然后进行仿真器的设置，设置为软件仿真状态。

(5)在弹出的 CPU 选择对话框中选择 80C51 系列芯片，然后点击确定。

(6)单击文件工具栏中  ，在编辑区域编辑汇编源程序，完成后点击保存并将源程序以“. asm”形式保存。

(7)在工程窗口“Source Group 1”中单击鼠标右键，在弹出的快捷菜单中把汇编源文件加入其中。

(8)单击  ，在弹出的窗口中单击“Debug”(如 A51 | BL51 Locate | BL51 Misc | Debug | Utilities | Use: Keil Monitor-51 Driver Settings)，再单击“Settings”，在弹出的窗口选择对应的 COM 口和波特率(如 Target Setup Comm Port Settings Port: COM1 RTS: Active Baudrate: 115200 DTR: Active)。

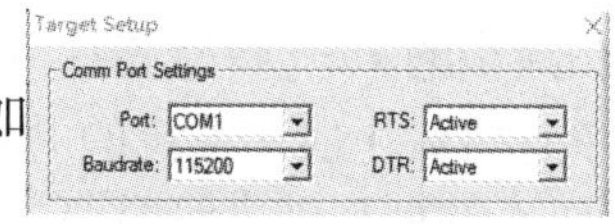

(9)单击编译工具栏中  (从左往右)，对汇编源文件进行编译。

(10)打开模块电源和总电源，单击 ，在弹出的界面单击 RUN 运行 ，下载源程疗。LED 静态显示“AD　XX”，“XX”为 AD 转换后的值，8 位发光二极管显示“XX”的二进制值。调节模拟信号输入端的电位器旋钮，显示值随着变化，顺时针旋转时显示值增大，AD 转换值的为 00 ~ FFH。

【巩固练习】

1. 从模拟量到数字量的转换可以分为哪些步骤？
2. 简述 A/D 转换器的种类及其主要性能指标。
3. ADC0809 的 START、IN0 ~ IN7、ADDA ~ ADDC 引脚功能分别是什么？
4. A/D 转换程序有三种编制方式：中断方式、查询方式、延时方式，实验中使用了查询方式，请用另两种方式编制程序。
5. P0 口是数据/地址复用的端口，请说明实验中 ADC0809 的模拟通道选择开关在利用 P0 口的数据口或地址地位口时程序指令和硬件连线的关系。

任务二　DAC0832 数模转换实验

【任务目标】

1. 掌握 DAC0832 直通方式、单缓冲器方式、双缓冲器方式的编程方法
2. 掌握 D/A 转换程序的编程方法和调试方法

【任务描述】

利用 89C51 单片机芯片，编写程序将数字量转化为模拟量，并用示波器测量观察输出波形的周期和幅度。

【任务分析】

本任务利用单片机最小系统与数模转换芯片，实现将编程“数字量”转换为连续变化的模拟量，并通过示波器检测观察将其变换出的连续变换的波形。

【任务实施】

一、硬件设计

1. 设计思路

利用典型的 D/A 转换芯片 DAC0832 模数转换器，来完成数字量与模拟量的转化。

用单片机最小应用系统的 P0 口连接 D/A 转换的 D0 ~ D7，单片机最小应用系统的 P2.0、P3.6/WR 分别连接 D/A 转换器的 P2.0、WR，D/A 转换器的 V_{ref}连接“ -5 V”，D/A 转换器的 OUT 连接示波器探头。

2. 电路设计

1）D/A 转换电路

（1）D/A 转换器。

D/A 转化器是将离散的数字量转换为连接变化的模拟量，如图 7－2－1 所示。

图 7－2－1　D/A 转换器

数模转换的基本思想与二进制数转换为十进制数的原理相似。在将二进制数转化为十进制数时，我们需要将二进制各位的数值与其位的权值相乘，然后相加即可得到相应的十进制数。

D/A 转换器的原理如图 7－2－2 所示，数字量以串行或并行方式输入，存储于数字寄存器中，各位分别控制对应的模拟电子开关，数字为 1 的位将在位权网络上产生与其权值成正比的电流值（由基准电压通过不同的电阻控制得到），由求和电路将各位权值相加，即可得到与数字量对应的模拟量。

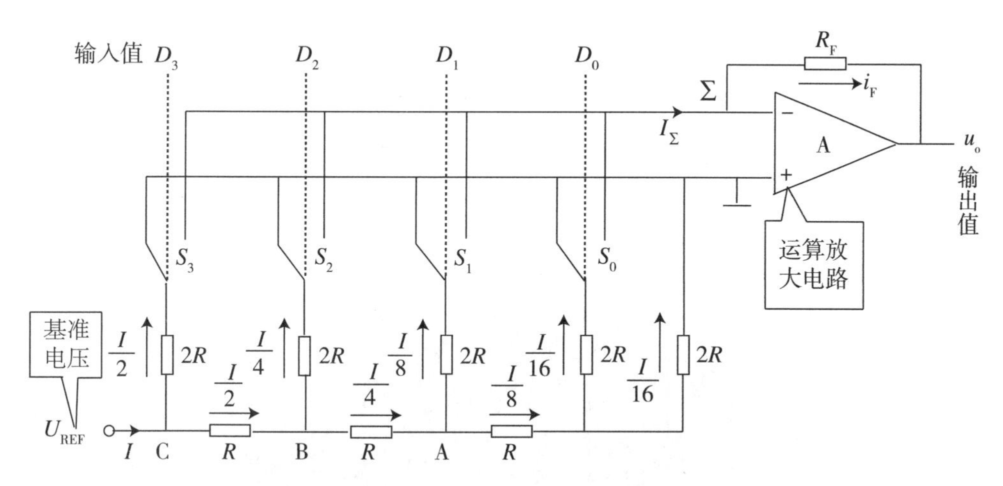

图 7－2－2　D/A 转换器的原理图

（2）D/A 转换器的种类。

D/A 转换器按解码网络结构分类，可以分为 T 形电阻网络 DAC、倒 T 形电阻网络 DAC、权电流 DAC 和权电阻网络 DAC；按模拟电子开关电路分类，可以分为 CMOS 开关型 DAC、双极型开关型 DAC（包括电流开关型 DAC 和 ECL 电流开关型 DAC）。

（3）D/A 转换器的主要性能指标。

①分辨率：分辨率是指输出电压的最小变化量（最低位为 1，其余各位为 0）与满量

程(各位均为1)输出电压之比。对于 n 位 D/A 转换器，分辨率 $=1/(2^n-1)$。

②转化速度：转换速度是指 D/A 转换器从输入数字量到转换成稳定的模拟输出电压所需要的时间。不同的 D/A 转换器其转换速度不同，一般从几微秒到几十微秒。

③非线性误差：非线性误差是指 D/A 转换器实际输出电压值与理想输出电压值之间的偏差，主要是由模拟开关以及运算放大器的非线性引起的。

④温度系数：温度系数是指在输入不变的情况下，输出模拟电压随温度变化而变化的量。一般用满刻度的百分数表示温度每升高一度输出电压变化的值。

(4) DAC0832 引脚功能与内部结构。

①引脚功能。

DAC0832 是双列直插式 8 位 D/A 转换器。图 7－2－3 所示为 ADC0832 的引脚图，图 7－2－4 所示为 ADC0832 的实物图。

引脚	名称	名称	引脚
1	$\overline{CS}$	V_{CC}	20
2	$\overline{WR1}$	ILE	19
3	AGND	$\overline{WR2}$	18
4	DI3	$\overline{XFER}$	17
5	DI2	DI4	16
6	DI1	DI5	15
7	lsbDIO	DI6	14
8	V_{ref}	msbDI7	13
9	Rfb	I_{out2}	12
10	DGND	I_{out1}	11

图 7－2－3　DAC0832 引脚图

图 7－2－4　DAC0832 实物图

CS：片选信号输入端，低电平有效。

WR1：8 位输入寄存器的写信号端，低电平有效。

WR2：DAC 寄存器的写信号端，低电平有效。

ILE：数据锁存允许控制信号端，高电平有效。

XFER：数据传输控制信号端，低电平有效。

AGND：模拟电路接地端。

DI0 ~ DI7：8 位数字量输入端。

V_{ref}：参考电压输入端，范围为 +10 ~ -10 V。

Rfb：反馈电阻引出端，DAC0832 内部有反馈电阻，可用作外部运算放大器的分路反馈电阻。

I_{out1}：模拟电流输出端 1。当 DAC 寄存器中数据全为 1 时，输出电流最大；当 DAC 寄存器中数据全为 0 时，输出电流为 0。

I_{out2}：模拟电流输出端 2。I_{out2} 与 I_{out1} 的和为一个常数，即 $I_{out1} + I_{out2}$ = 常数。一般在单极性输出时，I_{out2} 接地；在双极性输出时，连接运算放大器。

V_{CC}：电源端，一般 5 ~ 15 V。

DGND：数字电路接地端。

②内部结构。

DAC0832 芯片的内部主要由 8 位输入寄存器、8 位 DAC 寄存器、8 位 D/A 转换器组成，如图 7 -2 -5 所示。

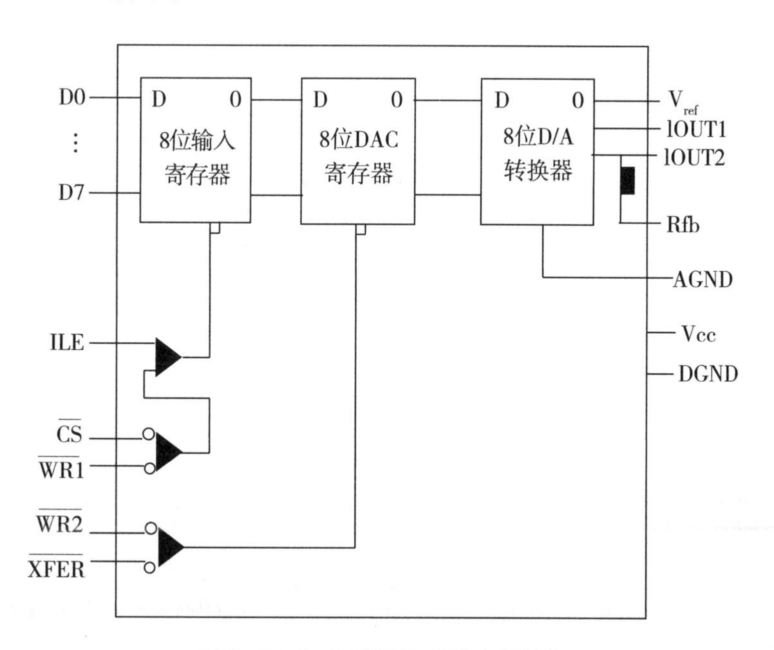

图 7 -2 -5　DAC0832 芯片内部结构

由图 7 -2 -5 中可以看出，数字量是通过两级寄存器后送至 D/A 转换器的输入端。这样的设计可以做到当后一级锁存器(8 位 DAC 寄存器)向 D/A 转换器输出数据时，前一级寄存器(8 位输入寄存器)可接收新的数据，从而提高了转换速度。

ILE、CS 和 WR1 是 8 位输入寄存器的控制信号。当 WR1、CS、ILE 均有效时，可以将引脚的数据写入 8 位输入寄存器。

WR2 和 XFER 是 8 位 DAC 寄存器的控制信号。当两个信号均有效时，DAC 寄存器工作处在直通方式；当其中某个信号为高电平时，DAC 寄存器工作处在锁存方式。

(5) DAC0832 的三种工作方式。

DAC0809 有直通方式、单缓冲方式和双缓冲方式三种工作方式，下面将分别进行介绍。

①直通方式。

当两个寄存器的 5 个控制信号均有效时，两个寄存器均处于开通状态，数据可以从输入端经两个寄存器直接进入 D/A 转换器。

②单缓冲方式。

两个寄存器之中有一个处于直通方式(数据接收状态)，另一个受单片机控制。如图 7 -2 -6 所示。

DAC0832 工作在单缓冲方式时，信号 WR2 和 XFER 接地，DAC 寄存器处于直通方式；ILE 端连接高电平，CS 端连接译码输出，WR1 与单片机的 WR 信号相连接，输入寄存器的状态由单片机控制。单缓冲方式适用于只有一路模拟量输出或有多路模拟量但不同时输出的情况。

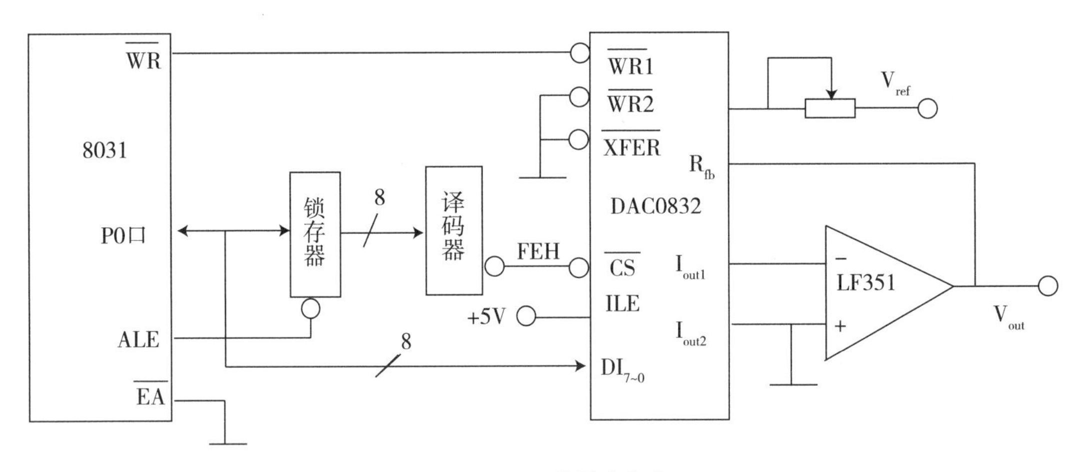

图 7 -2 -6　单缓冲方式

③双缓冲方式。

当采用双缓冲方式时，两个寄存器均处于受控状态，这种工作方式适合于多模拟信号同时输出的应用场合。当采用双缓冲方式时，数字量的输入锁存和 D/A 转换输出是分两步进行的。第一步，CPU 分时向各路 D/A 转换器输入要转换的数字量并锁存在各自的输入寄存器中。第二步，CPU 对所有的 D/A 转换器发出控制信号，使各路输入寄存器中的数据进入 DAC 寄存器，实现同步转换输出。图 7 -2 -7 所示为两片 DAC0832 与 DAC8031 的双缓冲方式连接电路，可以实现两路同步输出。

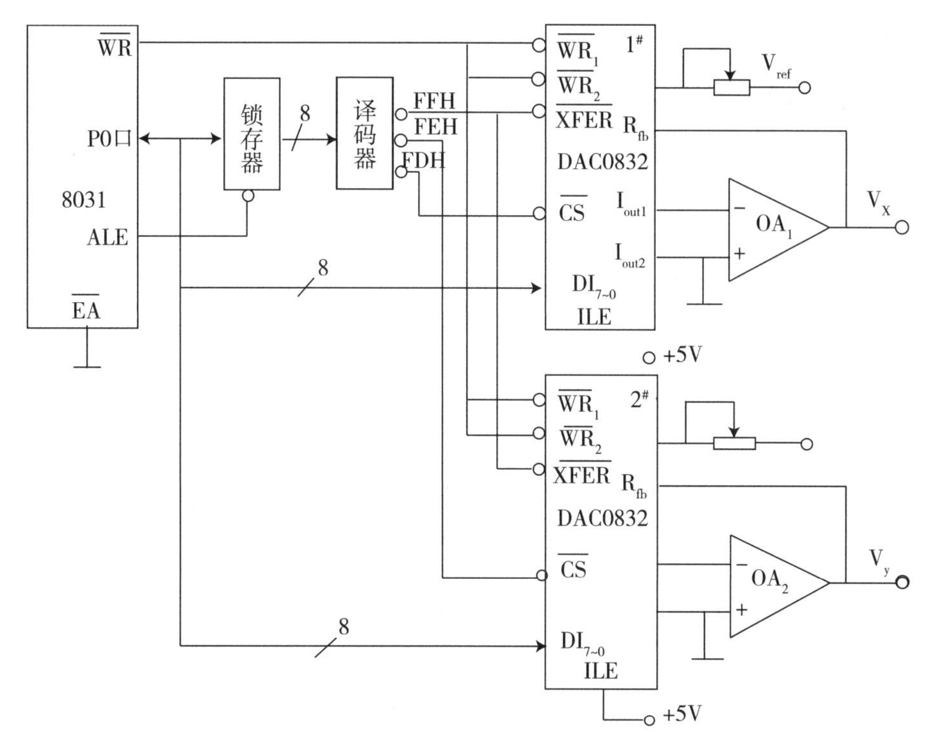

图 7－2－7　双缓冲方式连接电路

2)整体电路设计

综上所述，得到如图 7－2－8 所示的 D/A 转换电路原理图。

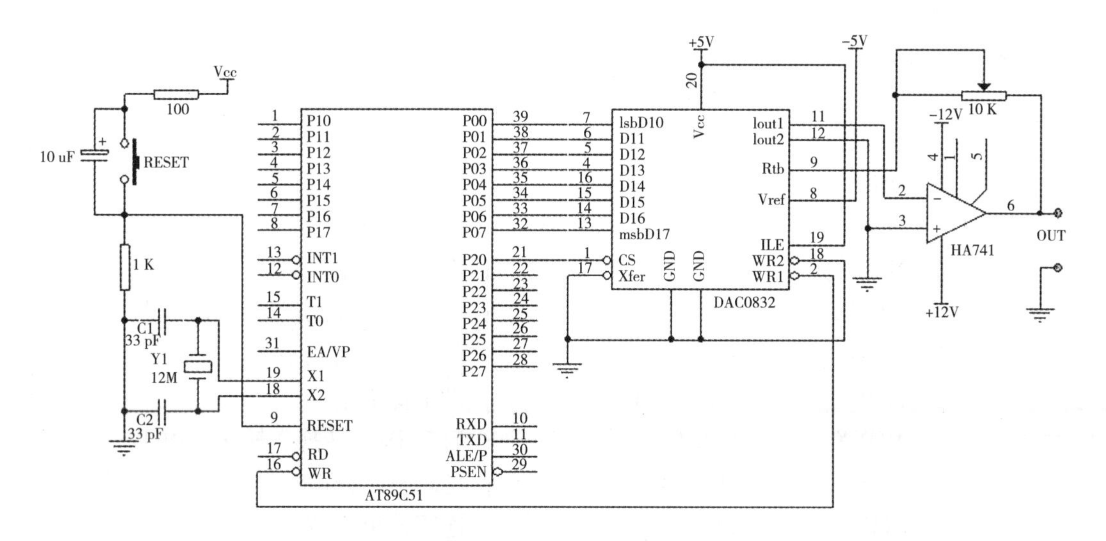

图 7－2－8　D/A 转换电路原理图

二、软件程序设计

1. 绘制程序流程图

程序流程图如图 7－2－9 所示。

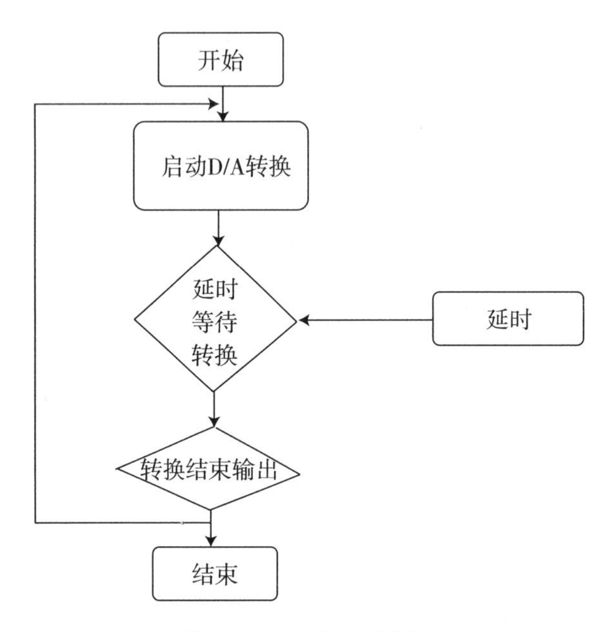

图 7－2－9　程序流程图

2. 编写源程序

源程序如下：

```
        ORG     0000H
        AJMP    START
        ORG     0030H
START： MOV     DPTR，#0FEFFH      ；置 DAC0832 的地址
LP：    MOV     A，#0FFH           ；设定高电平
        MOVX    @DPTR，A           ；启动 D/A 转换器，输出高电平
        LCALL   DELAY              ；延时显示高电平
        MOV     A，#00H            ；设定低电平
        MOVX    @DPTR，A           ；启动 D/A 转换，输出低电平
        LCALL   DELAY              ；延时显示低电平
        SJMP    LP                 ；连续输出方波
DELAY： MOV     R3，#200           ；延时子程序
D1：    NOP
        NOP
        NOP
```

```
        NOP
        DJNZ        R3, D1
        RET
        END
```

三、程序的在线仿真与调试

(1)单片机最小应用系统的 P0D 连接 D/A 转换器的 D0～D7，单片机最小应用系统的 P2.0、P3.6/WR 分别连接 D/A 转换器的 P2.0、WR，D/A 转换器的 V_{ref} 连接“-5 V”，D/A 转换器的 OUT 连接示波器探头。

(2)用串行数据通信线连接单片机与仿真器，把仿真器插到模块的锁紧插座中，请注意仿真器的方向：缺口朝上。

(3)启动单片机，打开 Keil uVision4 仿真软件。

(4)首先建立本实验的项目文件，选择“Project”>“New Project”菜单，在弹出的窗口保存工程文件，填写文件名。然后进行仿真器的设置，设置为软件仿真状态。

(5)在弹出的 CPU 选择对话框中选择 80C51 系列芯片，然后点击确定。

(6)单击文件工具栏中，在编辑区域编辑汇编源程序，完成后点击并将源程序以“.asm”形式保存。

(7)在工程窗口“Source Group 1”中单击鼠标右键，在弹出的快捷菜单中把汇编源文件加入其中。

(8)单击，在弹出的窗口中单击“Debug”(如 A51 | BL51 Locate | BL51 Misc | Debug | Utilities | Use: Keil Monitor-51 Driver Settings)，再单击“Settings”，在弹出的窗口选择对应的 COM 口和波特率(如 Target Setup Comm Port Settings Port: COM1 RTS: Active Baudrate: 115200 DTR: Active)。

(9)单击编译工具栏中(从左往右)，对汇编源文件进行编译。

(10)打开模块电源和总电源，单击按钮，运行源程序，在弹出的界面单击 RUN 运行，下载源程序，观察示波器测量输出波形的周期和幅度。

【巩固练习】

1. 计算输出方波的周期，并说明如何改变输出方波的周期。

2. 在硬件电路不改动的情况下，请编程实现输出波形为锯齿波及三角波。

3. 请画出 DAC0832 在双缓冲工作方式时的接口电路，并用两片 DAC0832 实现图形 x 轴和 y 轴偏转放大同步输出。

项目八　查询式键盘和阵列式键盘实验

【引　入】

键盘是单片机系统中常用的输入设备，是实现人机对话的纽带。根据代码转换方式的不同，键盘又可以分为编码式和非编码式两种。编码式键盘通过数字电路可以直接产生对应于按键的ASCII码，这种方式虽然编程简单、使用方便，但硬件电路比较复杂，在简单的单片机控制系统中很少使用。非编码式键盘由独立按键或按键的矩阵组成，仅提供按键开关工作状态，键码由软件确定。由于这种键盘结构简单，因而成为目前最常采用的键盘类型。另外，非编码式键盘可以分为独立式键盘和矩阵式键盘。

【技能要求】

1. 熟悉独立式键盘的接口设计
2. 理解按键抖动问题产生的原因及解决方法，掌握独立式键盘的扫描方式和程序编写
3. 熟悉矩阵式键盘的接口设计
4. 掌握矩阵式键盘的按键识别方法——行反转法
5. 掌握矩阵式键盘的按键识别方法——扫描法

任务一　查询式键盘实验

【任务目标】

1. 掌握键盘和显示器的接口方法和编程方法
2. 掌握键盘和八段码显示器的工作原理
3. 静态显示的原理和相关程序的编写

【任务描述】

通过设计单片机系统，实现在无键按下时，键盘输出全为“1”，发光二极管全部熄灭；有键按下时，对应的发光二极管点亮。有键按下后，要有一定的延时，防止由于键盘抖动而引起误操作。在键盘上按下某个键时，观察数值显示是否与按键值一致，键值从左至右为0~7。

【任务分析】

本实验提供了8个按钮的小键盘，可连接到单片机的并行口，如果有键按下，那么输出为低，否则输出为高。单片机通过识别，判断按下的是什么键。在键盘上按下某个键，观察数值显示是否与按键值一致，键值从左至右为0~7。

【任务实施】

一、硬件设计

1. 设计思路

利用89C51单片机的最小系统，用一根扁平数据插头线连接查询式键盘实验模块与八位逻辑电平显示模块。无键按下时，键盘输出全为“1”，发光二极管全部熄灭，有键按下时，对应的发光二极管点亮。

2. 电路设计

1）查询式（独立式）键盘接口设计

在此任务中，我们使用的查询式键盘为独立式，独立式键盘相互独立，每个按键占用一根I/O口线，每根I/O口线上的按键工作状态不会影响其他按键的工作状态，CPU可直接读取该I/O线的高/低电平状态。这种按键的硬件、软件结构简单，判键速度快，使用方便，但占用I/O口线较多，适用于按键数量较少的系统中。独立连接式键盘连接图如图8-1-1所示。

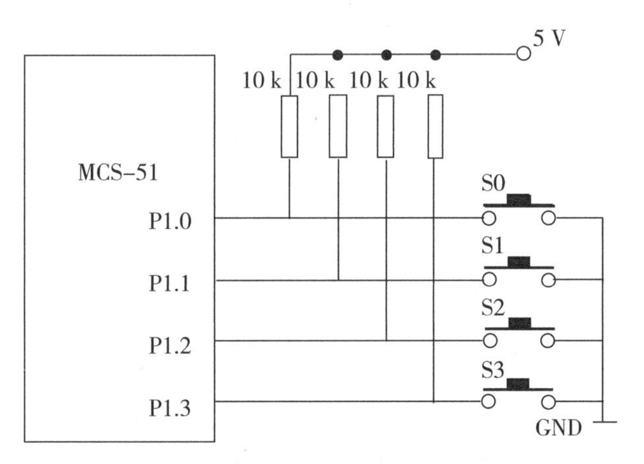

图8-1-1　独立连接式键盘连接图

当没有键被按下时，所有的数据输入线均为高电平；当任意一个按键被按下时，与之相连的数据输入线将变为低电平。通过相应指令，可以判断是否有键被按下。

2）按键抖动问题产生的原因及解决方法

按键的抖动问题是指按键的触点在闭合和断开瞬间由于接触情况不稳定，从而导致电压信号的抖动现象（由按键的机械特性造成，不可避免）。图8-1-2所示为一次按键的抖动过程，在按键的前沿和后沿都会有5~10 ms的抖动。

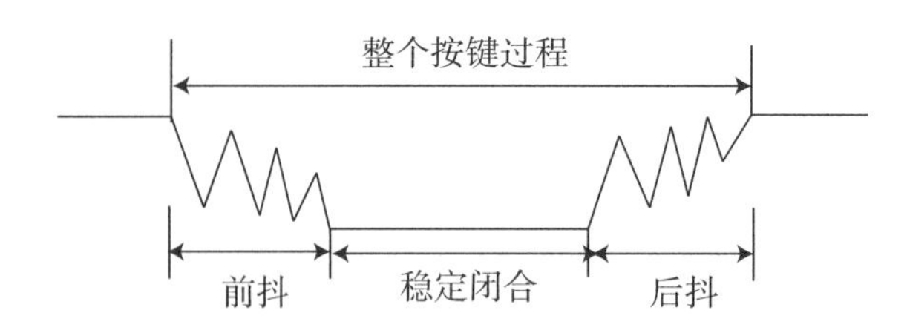

图 8－1－2　一次按键抖动过程

对于时钟是微秒级的单片机而言，键盘的抖动有可能造成单片机对一次按键的多次处理。为了提高系统的稳定性，我们必须采用有效的方式消除抖动。

去除抖动可以采用硬件和软件两种方式。硬件方式一般是在按键与单片机的输入通道上安装硬件去抖电路（如 RS 触发器）。软件方式的实现方法是：当查询到电路中有按键按下时，先不进行处理，而是先执行 10～20 ms 的延时程序，延时程序结束后，再次查询按键状态，若此时按键仍为按下状态，则视为按键被按下。

3）中断方式键盘扫描程序

除了查询方式，中断方式也常用于键盘扫描。硬件连接如图 8－1－3 所示。P1 口 8 个 I/O 信号经过与非门 74LS30 实现逻辑与非后，再经过非门 74LS04 反相，然后接至 MCS－51 的 INT0 引脚上。在中断服务程序中，先延时 20 ms 以消除键抖动，再对各键进行查询，找到所按下的键，并转到相应的处理程序中去。

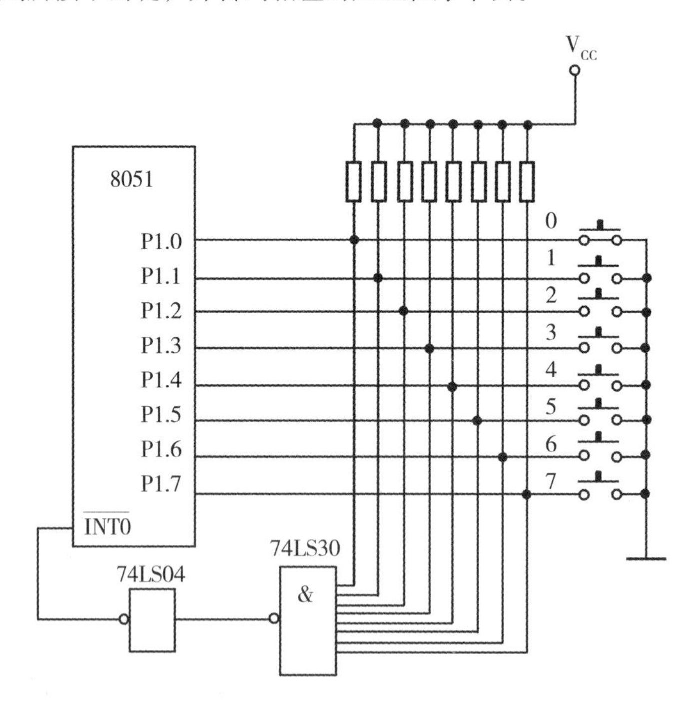

图 8－1－3　硬件连接图

综上所述，得到如图 8－1－4 所示的查询式键盘电路原理图。

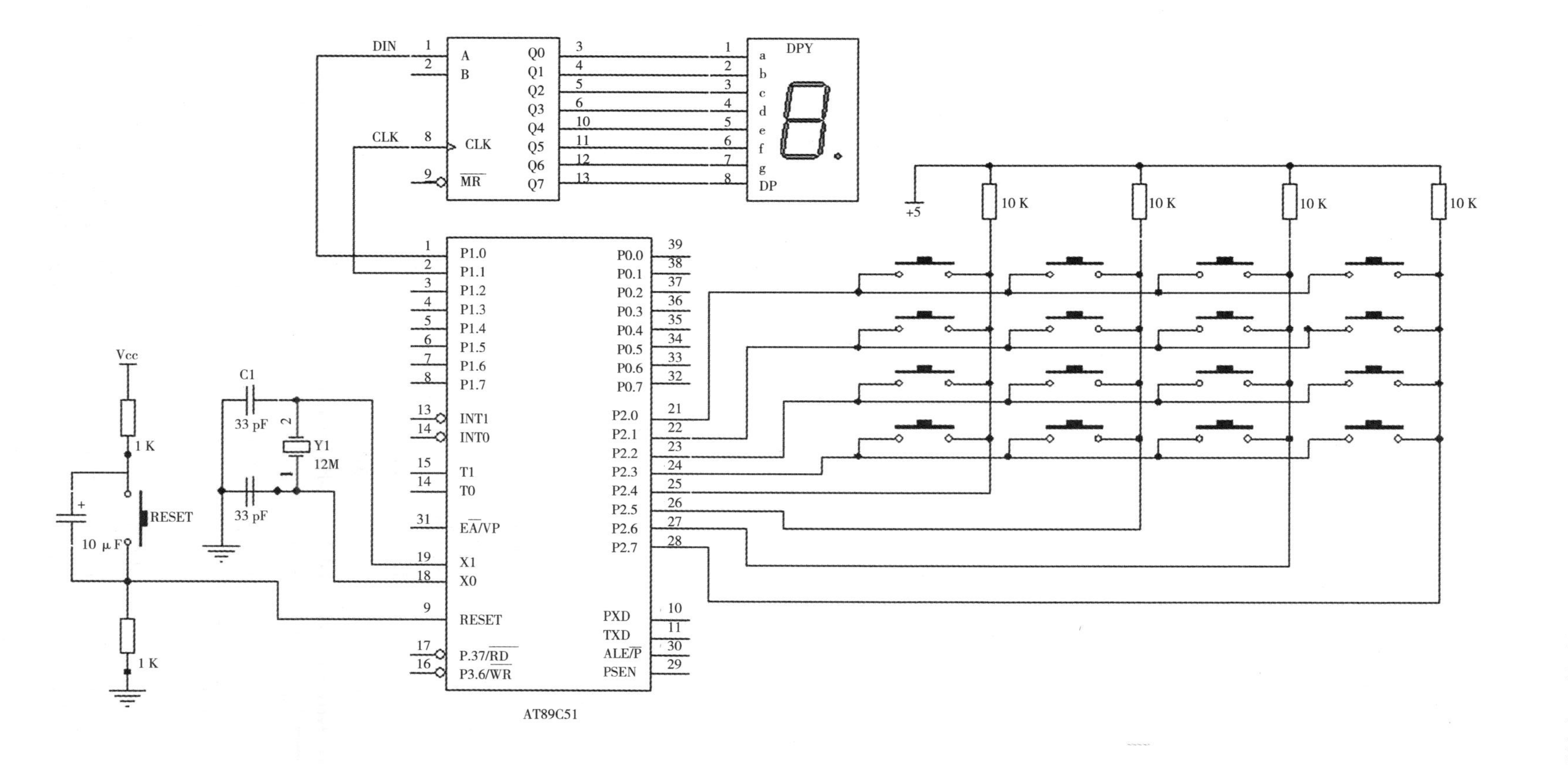

图 8－1－4　查询式链盘电路原理图

二、软件程序设计

1. 绘制程序流程图

程序流程图如图 8－1－5 所示。

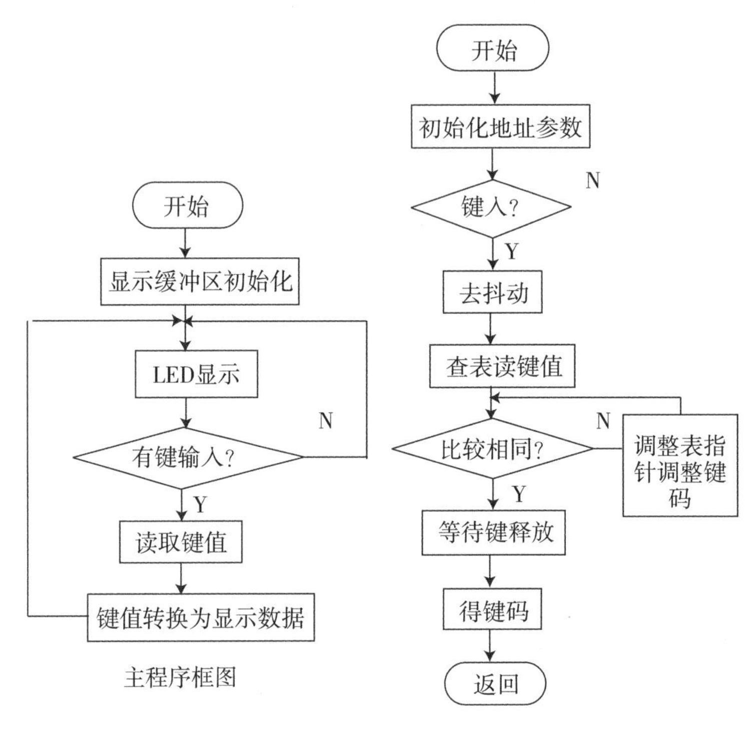

图 8－1－5　程序流程图

2. 编写源程序

源程序如下：

```
        ORG     0000H
        LJMP    MAIN
        ORG     0030H
        DBUF    EQU     30H
        TEMP    EQU     40H
        DIN     BIT     P3.6
        CLK     BIT     P3.7
START:  MOV     30H,    #16H
MAIN:   ACALL DISP
        ACALL KEY
        AJMP    MAIN
KEY:    MOV     P2,     #0FFH           ；欲读先置“1”
        MOV     A, P2                   ；读取键盘状况
```

```
        CJNE      A,      #0FFH, K00 ; 有键按下
        AJMP      KEY                ; 无键按下
K00:    ACALL DELAY        ; 延时去抖动
        MOV       A, P2
        CJNE      A,      #0FFH, K01 ; 确 PGH 有键按下
        AJMP      KEY
K01:    MOV       R3,     #8         ; 8 个键
        MOV       R2,     #0         ; 键码
        MOV       B, A               ; 暂存键值
        MOV       DPTR,   #K0TAB
K02:    MOV       A, R2
        MOVC      A, @A+DPTR         ; 从键值表中读取键值
        CJNE      A, B, K04          ; 键值比较
K03:    MOV       A, P2              ; 相等
        CJNE      A,      #0FFH, K03 ; 等键释放
        ACALL DELAY!                 ; 延时去抖动
        MOV       A, R2              ; 得键码
        RET
K04:    INC       R2                 ; 不相等，继续访问键值表
        DJNZ      R3, K02
        MOV       A,      #0FFH      ; 键值不在键值中，即多键同时按下
        AJMP      KEY
K0TAB:  DB  0FEH, 0FDH, 0FBH, 0F7H
        DB  0EFH, 0DFH, 0BFH, 07FH
DISP:   MOV       DBUF, A
        MOV       DBUF+1#16
        MOV       DBUF+2#16
        MOV       DBUF+3#16
        MOV       DBUF+4#16
        MOV       R0,     #DBUF
        MOV       R1,     #TEMP
        MOV       R2,     #5
DP10:   MOV       DPTR,   #SEGTAB
        MOV       A,      @R0
        MOVC      A,      @A+DPTR
        MOV       @R1, A
        INC       R0
        INC       R1
```

```
        DJNZ        R2,     DP10
        MOV         R0,     #TEMP
        MOV         R1,     #5
DP12:   MOV         R2,     #8
        MOV         A,      @R0
        DP13: RLC   A
        MOV         DIN, C
        CLR         CLK
        SETB        CLK
        DJNZ        R2,     DP13
        INC         R0
        DJNZ        R1,     DP12
        RET
SEGTAB:DB     3FH, 06H, 5BH, 4FH, 66H, 6DH
        DB    7DH, 07H, 7FH, 6FH, 77H, 7CH
        DB    39H, 5EH, 79H, 71H, 00H, 40H
DELAY:  MOV         R4,     #02H
AA1:    MOV         R5,     #0F8H
AA:     NOP
        NOP
        DJNZ        R5,     AA
        DJNZ        R4,     AA1
        RET
        END
```

三、程序的在线仿真与调试

(1)用一根扁平数据插头线连接查询式键盘实验模块与八位逻辑电平显示模块，无键按下时，键盘输出全为“1”，发光二极管全部熄灭；有键按下时，对应的发光二极管点亮。此种电路的程序要判断是否有2个或2个以上的键同时按下，以免键盘分析错误。阵列式键盘的编程也有同样的问题需要注意。

(2)使用静态串行显示模块显示键值。单片机最小应用系统的P2口连接查询式键盘输出口，P3.6、P3.7引脚分别接静态数码显示的DIN、CLK。

(3)用串行数据通信线连接单片机与仿真器，把仿真器插到模块的锁紧插座中，请注意仿真器的方向：缺口朝上。

(4)启动单片机，打开Keil uVision4仿真软件。

(5)首先建立本实验的项目文件，选择“Project”>“New Project”菜单，在弹出的窗口保存工程文件，填写文件名。然后进行仿真器的设置，设置为软件仿真状态。

(6)在弹出的CPU选择对话框中选择80C51系列芯片，然后点击确定。

(7)单击文件工具栏中，在编辑区域编辑汇编源程序，完成后点击保存并将源程序以“. asm”形式保存。

(8)在工程窗口“Source Group 1”中单击鼠标右键，在弹出的快捷菜单中把汇编源文件加入其中。

(9)单击，在弹出的窗口中单击“Debug”(如)，再单击“Settings”，在弹出的窗口选择对应的COM口和波特率(如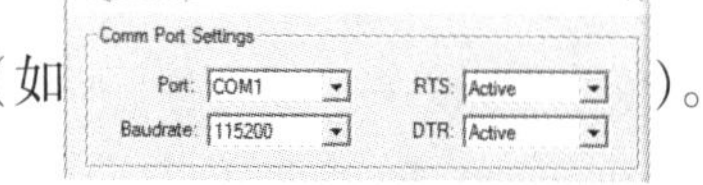

)。

(10)单击编译工具栏中(从左往右)，对汇编源文件进行编译。

(11)打开模块电源和总电源，单击按钮，运行源程序，在弹出的界面单击RUN运行，下载源程序，在键盘上按下某个键，观察显示数值是否与按键值一致，键值从左至右为0~7。

【巩固练习】

1. 程序应如何确保每按一次键只处理一次？
2. 按键抖动产生的原因是什么？为何要去除抖动？

任务二　阵列式键盘实验

【任务目标】

1. 掌握键盘和显示器的接口方法和编程方法
2. 掌握阵列式键盘的硬件组成和软件编程方法

【任务描述】

设计单片机系统，用编程实现通过输出的列码和读取的行码来判断按下的是什么键。有键按下后，要有一定的延时，防止由于键盘抖动而引起误操作。

在键盘上按下某个键，观察数值显示是否与按键值一致。16位键盘的键值从左至右、从上至下依次为0~F(16进制数)。

【任务分析】

本实验中提供了一个4×4小建盘，向P0口的低四位逐次输出低电平，如果有键按下，则输出为低，如果没有键按下时，则输出为高。无键按下或有键按下时，发光二极管全灭。若将 A1 ~ A4 接地，则发光二极管显示(八位逻辑电平显示的是负逻辑，即 LED 亮代表对应输入低电平，LED 灭代表对应输入为高电平) × × × ×0000；B1 线上有键按下，则发光二极管显示 × × ×00000，B2 线上有键按下，则发光二极管显示 × ×0 ×0000，B1 和 B2 均有键按下，则发光二极管显示 × ×000000……同样可将 B1 与 B4 接地，按键与发光二极管的显示情况，用户可以自行判断，自由操作。

【任务实施】

一、硬件设计

1. 设计思路

利用 89C51 单片机的最小系统，单片机最小应用系统的 P2 口连接阵列式键盘的 A1 ~ B4 口，P1.0、P1.1 引脚分别接静态数码显示的 DIN、CLK

2. 电路设计

1. 阵列式键盘设计

(1)矩阵式键盘接口设计——基于行反转法。

4 ×4 矩阵式键盘接口设计如图 8 -2 -1 所示。

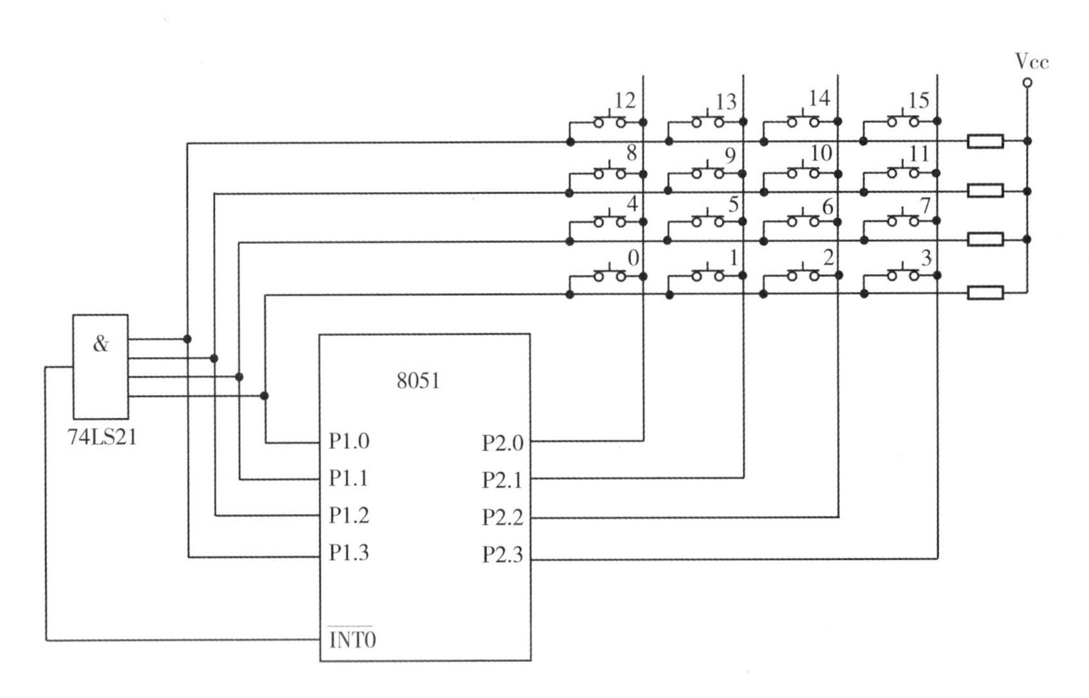

图 8 -2 -1　4 ×4 矩阵式键盘接 D 设计图

图 8 -2 -1 中，P1 口的低 4 位作为行线，P2 口的低 4 位作为列线。行线通过 74LS21 进行逻辑与操作后作为单片机的外部中断源输入，当有键按下时以中断形式去执行相应的按键处理程序。

行反转法因判键时将输入与输出线反转互换而得名，步骤如下：

①首先将行线(P1)设为输入线，初值全为1，列线(P2)设为输出线，初值全为0。

②若有按键被按下，将进入中断处理程序，通过读取P1端口值，确定按键所在行。接下来，P2设为输入线，初值全为1，P1设为输出线，将原数据写入P1，读取P2，判断按键所在列。

③将第①步读取的值与第②步读取的值进行运算，得到按键的特征值。

(2)矩阵式键盘接口设计——基于扫描法。

这里通过8255A连接一个4×8的矩阵键盘，PB口的低4位连接行线，8255A的PA口连接列线，如图8-2-2所示。

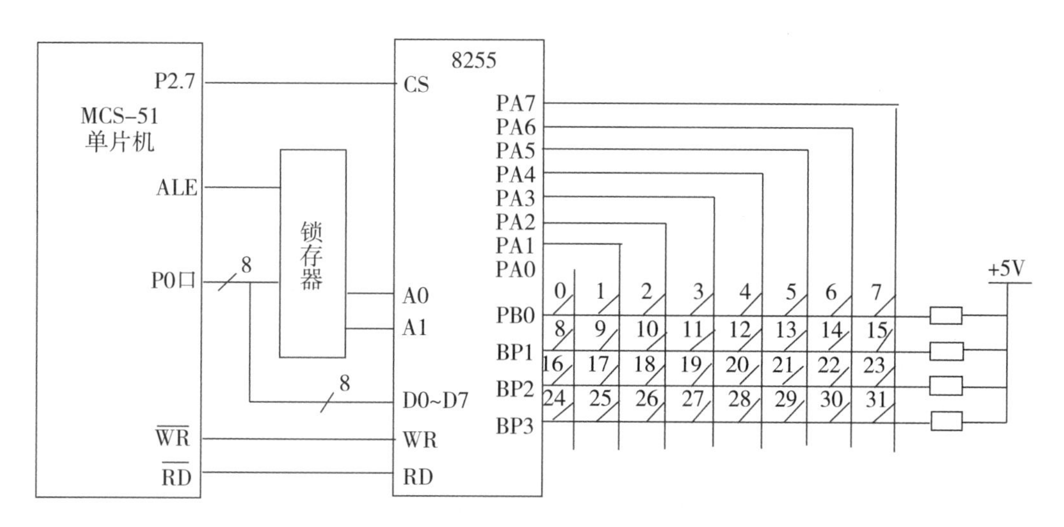

图8-2-2　4×8矩阵键盘接口设计图

扫描法是指在判定按键时，通过逐行逐列进行扫描。例如，如果按行进行扫描，首先将列的全部输出设为高电平，行线的输出信号中总有一行为低电平，其余为高电平。如果某按键被按下，且按键所在行的输出信号为低电平，那么，列的输出信号被拉低为低电平，即读取列值时该列的值为0。那么，通过输出的行值和读入的列值就可以确定被按键的行列值。

扫描法具体分析如下：

①PB口作为扫描口需要设为输出，PA口设为读入。

②逐行扫描时，PB口的状态如表8-2-1所示。

表8-2-1　PB口的状态表

PB7	PB6	PB5	PB4	PB3	PB2	PB1	PB0	—
1	1	1	1	1	1	1	0	(FEH)
1	1	1	1	1	1	0	1	(FDH)
1	1	1	1	1	0	1	1	(FBH)
1	1	1	1	0	1	1	1	(F7H)

③若有按键按下，PA 口可能的读入状态如表 8－2－2 所示。

表 8－2－2　PA 口可能的读入状态表

PB7	PB6	PB5	PB4	PB3	PB2	PB1	PB0	
1	1	1	1	1	1	1	0	(FEH)
1	1	1	1	1	1	0	1	(FDH)
1	1	1	1	1	0	1	1	(FBH)
1	1	1	1	0	1	1	1	(F7H)
1	1	1	0	1	1	1	1	(EFH)
1	1	0	1	1	1	1	1	(DFH)
1	0	1	1	1	1	1	1	(BFH)
0	1	1	1	1	1	1	1	(7FH)

例如，若当前 PB 口的输出状态为 FEH，查询输入口 PA 的状态为 EFH。那么我们可以确定是 PA0 与 PB4 相交位置的按键被按下，即 4 号键。根据各键的编号情况，按键键码可按如下公式计算：

键码＝行号×列总数＋列号

二、显示电路

显示电路在项目五中已介绍过，可参照项目五。

综上所述，得到如图 8－2－3 所示的显示电路原理图。

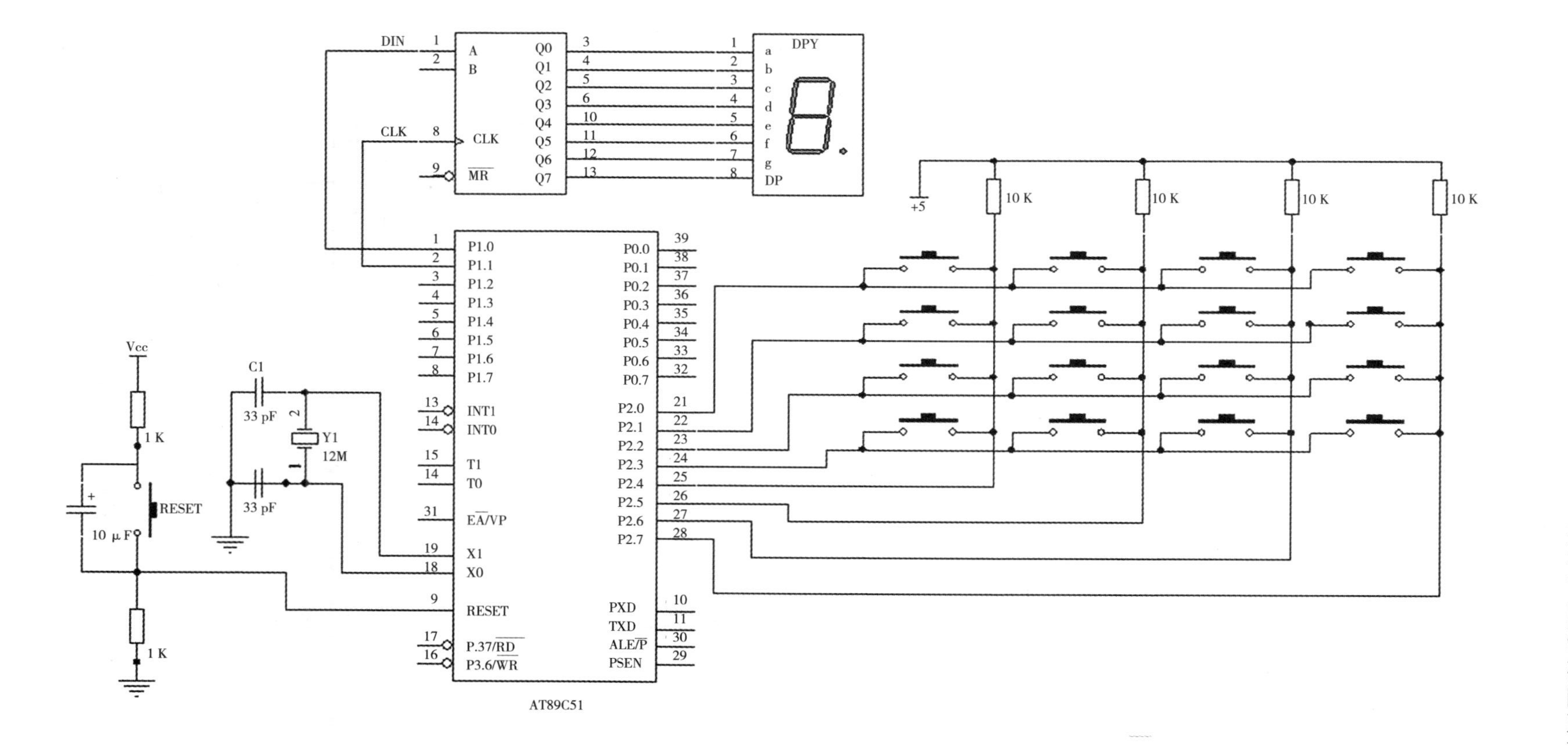

图8-2-3　显示电路原理图

二、软件程序设计

1. 绘制程序流程图

程序流程图如图 8 -2 -4 所示。

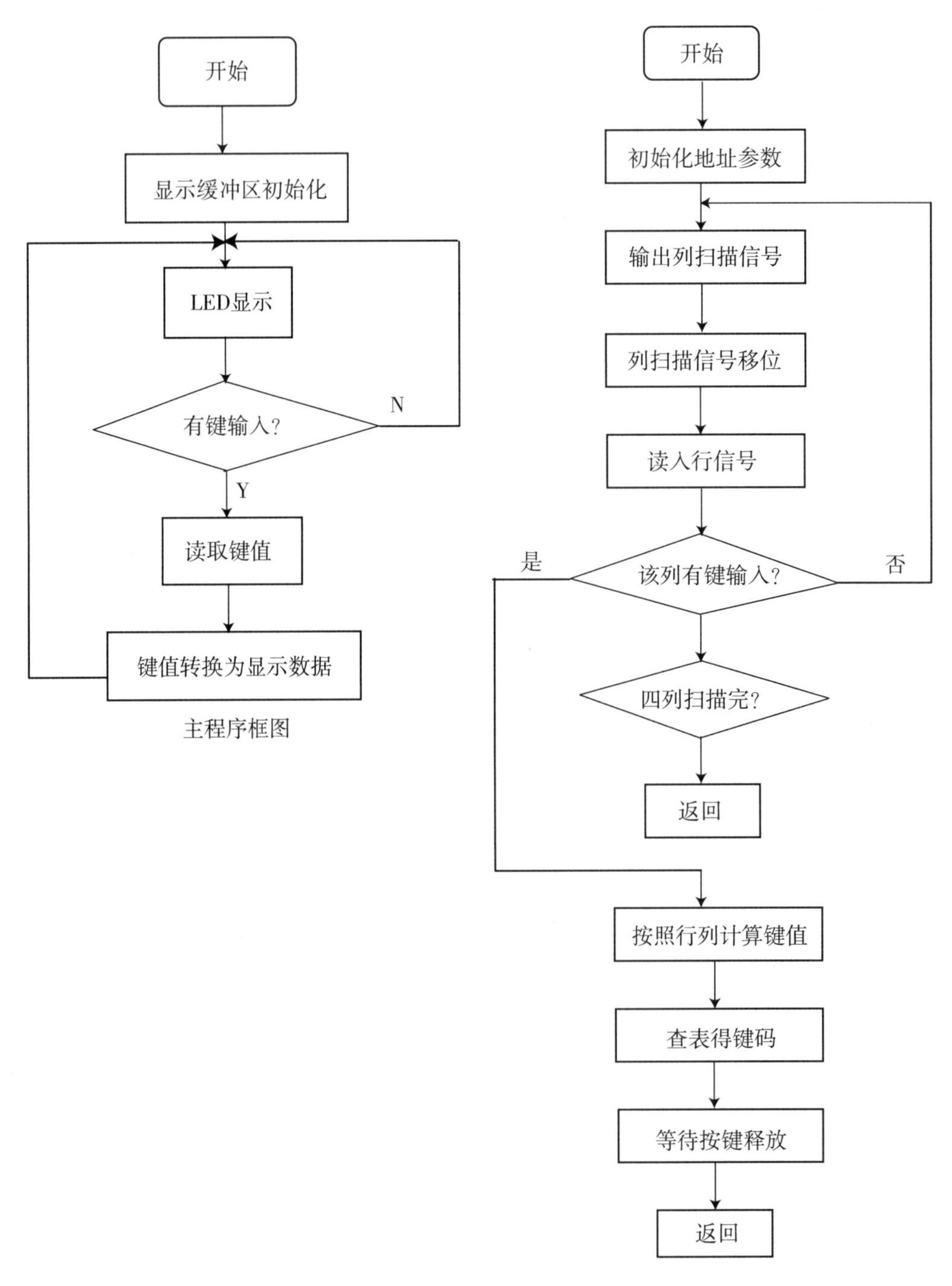

图 8 -2 -4　程序流程图

2. 编写源程序

源程序如下：

```
        ORG     0000H
        LJMP    START
        ORG     0030H
        DBUF    EQU     30H
        TEMP    EQU     40H
        DIN     BIT     P1.0
        CLK     BIT     P1.1
START： MOV     A，     #16H
MAIN：  ACALL DISP
        MOV     30H，A
        ACALL KEY1
        AJMP    MAIN
KEY1：  MOV     P2，    #0FH        ；A1～A4 输出，B1～B4 输入，输
                                    ；入者对应锁存先写“1”
        MOV     A，     P2          ；读取键盘状况
        CJNE    A，     #0FH，K11   ；有键按下
K10：   AJMP    KEY1                ；无键按下
K11：   ACALL DELAY                 ；去抖动
        MOV     P2，    #0FH
        MOV     A，     P2          ；再读按键状况
        CJNE    A，     #0FH，K12   ；确有按键按下
        SJMP    K10                 ；误动作
K12：   MOV     B，     A           ；存列值
        MOV     P2，    #0EFH       ；按键在 Ai 行
        MOV     A，     P2
        CJNE    A，     #0EFH，K13  ；键在 A4 行
        MOV     P2，    #0DFH
        MOV     A，     P2
        CJNE    A，     #0DFH，K13  ；键在 A3 行
        MOV     P2，    #0BFH
        MOV     A，     P2
        CJNE    A，     #0BFH，K13  ；键在 A2 行
        MOV     P2，    #7FH
        MOV     A，     P2
        CJNE    A，     #7FH，K13   ；键在 A1 行
        AJMP    K10                 ；多键同时按下
```

```
K13:    ANL     A,          #0F0H       ; 按下键行值
        ORL     A,          B           ; 按下键的列值
        MOV     B,          A           ; 暂存键值
        MOV     R1,         #16         ; 16 个键
        MOV     R2,         #0          ; 键码初值
        MOV     DPTR,       #K1TAB      ; 键码表首址
K14:    MOV     A,          R2
        MOVC    A,          @A+DPTR     ; 从键值表中取键值
        CJNE    A, B,       K16         ; 与按下键进行键值比较
        MOV     P2,         #0FH
K15:    MOV     A,          P2
        CJNE    A,          #0FH, K15   ; 等释放
        ACALL DELAY                     ; 去抖动
        MOV     A,          R2          ; 得键码
        RET
K16:    INC     R2                      ; 不相等，则继续访问键值表
        DJNZ    R1,         K14
        AJMP    K10                     ; 多键同时按下处理
K1TAB:  DB  0EEH, 0DEH, 0BEH, 07EH      ; 键值表
        DB  0EDH, 0DDH, 0BDH, 07DH
        DB  0EBH, 0DBH, 0BBH, 07BH
        DB  0E7H, 0D7H, 0B7H, 077H
DISP:   MOV     DBUF, A
        MOV     DBUF+1,     #16
        MOV     DBUF+2,     #16
        MOV     DBUF+3,     #16
        MOV     DBUF+4,     #16
        MOV     R0,         #DBUF
        MOV     R1,         #TEMP
        MOV     R2,         #5
DP10:   MOV     DPTR,       #SEGTAB
        MOV     A,          @R0
        MOVC    A,          @A+DPTR
        MOV                 @R1, A
        INC     R0
        INC     R1
        DJNZ    R2,         DP10
        MOV     R0,         #TEMP
```

```
        MOV     R1,         #5
DP12:   MOV     R2,         #8
        MOV     A,          @R0
DP13:   RLC     A
        MOV     DIN, C; DIN, C
        CLR     CLK
        SETB    CLK
        DJNZ    R2,         DP13
        INC     R0
        DJNZ    R1,         DP12
        RET
SEGTAB:DB    3FH, 06H, 5BH, 4FH, 66H, 6DH
        DB    7DH, 07H, 7FH, 6FH, 77H, 7CH
        DB    39H, 5EH, 79H, 71H, 00H, 40H
DELAY:  MOV     R4,         #02H
AA1:    MOV     R5,         #0F8H
AA:     NOP
        NOP
        DJNZ    R5,         AA
        DJNZ    R4,         AA1
        RET
        END
```

三、程序的在线仿真与调试

(1)用一根扁平数据线连接阵列式键盘实验模块与八位逻辑电平显示模块。无键按下或有键按下，发光二极管全灭。若将 A1 ~ A4 接地，则发光二极管显示(八位逻辑电平显示的是负逻辑，即 LED 亮代表对应输入低电平，LED 灭代表对应输入为高电平)××××0000；B1 线上有键按下时，则发光二极管显示×××00000，B2 线上有键按下，则发光二极管显示××0×0000，B1 和 B2 均有键按下，则发光二极管显示××000000……同样可将 B1 与 B4 接地，按键与发光二极管的显示情况，用户可以自行判断，自由操作。

(2)使用静态串行显示模块显示键值。单片机最小应用系统的 P2 口连接阵列式键盘的 A1 ~ B4 口，P1.0、P1.1 引脚分别接静态数码显示的 DIN、CLK。

(3)用串行数据通信线连接单片机与仿真器，把仿真器插到模块的锁紧插座中，请注意仿真器的方向：缺口朝上。

(4)启动单片机，打开 Keil uVision4 仿真软件。

(5)首先建立本实验的项目文件，选择“Project”>“New Project”菜单，在弹出的窗口保存工程文件，填写文件名。然后进行仿真器的设置，设置为软件仿真状态。

(6)在弹出的 CPU 选择对话框中选择 80C51 系列芯片，然后点击确定。

(7)单击文件工具栏中 ，在编辑区域编辑汇编源程序，完成后点击保存并将源程序以“. asm”形式保存。

(8)在工程窗口“Source Group 1”中单击鼠标右键，在弹出的快捷菜单中把汇编源文件加入其中。

(9)单击 ，在弹出的窗口中单击“Debug”(如)，再单击“Settings”，在弹出的窗口选择对应的COM口和波特率(如)。

(10)单击编译工具栏中 (从左往右)，对汇编源文件进行编译。

(11)单击 按钮，运行源程序，在弹出的界面单击RUN运行 ，下载源程序。

(12)在键盘上按下某个键，观察数值显示是否与按键值一致。16位键盘的键值从左至右、从上至下依次为0～F(16进制数)。

【巩固练习】

1. 独立式按键与矩阵式按键的区别及其适用范围是什么?
2. 矩阵式键盘接口设计中行反转法是如何判断按键的?
3. 尝试解释扫描法。

附　　录

附录一　MCS－51单片机指令表

数据传送类指令				
序　号	指令格式	指令功能	字　节	周　期
1	MOV A，Rn	Rn 内容传送到 A	1	1
2	MOV A，direct	直接地址内容传送到 A	2	1
3	MOV A，@Ri	间接 RAM 单元内容送 A	1	1
4	MOV A，#data	立即数送到 A	2	1
5	MOV Rn，A	A 内容送到 Rn	1	1
6	MOV Rn，direct	直接地址内容传送到 Rn	2	2
7	MOV Rn，#data	立即数传送到 Rn	2	1
8	MOV direct，A	A 传送到直接地址	2	1
9	MOV direct，Rn	Rn 传送到直接地址	2	2
10	MOV direct2，direct1	直接地址传送到直接地址	3	2
11	MOV direct，@Ri	间接 RAM 内容传送到直接地址	2	2
12	MOV direct，#data	立即数传送到直接地址	3	2
13	MOV @Ri，A	A 内容送间接 RAM 单元	1	1
14	MOV @Ri，direct	直接地址传送到间接 RAM	2	2
15	MOV @Ri，#data	立即数传送到间接 RAM	2	1
16	MOVC A，@A＋DPTR	代码字节送 A(DPTR 为基址)	1	2
17	MOVC A，@A＋PC	代码字节送 A(PC 为基址)	1	2
18	MOVX A，@Ri	外部 RAM(8 地址)内容传送到 A	1	2
19	MOVX A，@DPTR	外部 RAM 内容(16 地址)传送到 A	1	2
20	MOV DPTR，#data16	16 位常数加载到数据指针	1	2
21	MOVX @Ri，A	A 内容传送到外部 RAM(8 地址)	1	2
22	MOVX @DPTR，A	A 内容传送到外部 RAM(16 地址)	1	2

续 表

数据传送类指令				
序　号	指令格式	指令功能	字　节	周　期
23	PUSH direct	直接地址压入堆栈	2	2
24	POP direct	直接地址弹出堆栈	2	2
25	XCH A，Rn	Rn 内容和 A 交换	1	1
26	XCH A，direct	直接地址和 A 交换	2	1
27	XCH A，@Ri	间接 RAM 内容 A 交换	1	1
28	XCHD A，@Ri	间接 RAM 内容和 A 交换低 4 位字节	1	1
算术运算类指令				
序　号	指令格式	指令功能	字　节	周　期
1	INC A	A 加 1	1	1
2	INC Rn	Rn 加 1	1	1
3	INC direct	直接地址加 1	2	1
4	INC @Ri	间接 RAM 加 1	1	1
5	INC DPTR	数据指针加 1	1	2
6	DEC A	A 减 1	1	1
7	DEC Rn	Rn 减 1	1	1
8	DEC direct	直接地址减 1	2	1
9	DEC @Ri	间接 RAM 减 1	1	1
10	MUL AB	A 和 B 相乘	1	4
11	DIV AB	A 除以 B	1	4
12	DAA	A 十进制调整	1	1
13	ADD A，Rn	Rn 与 A 求和	1	1
14	ADD A，direct	直接地址与 A 求和	2	1
15	ADD A，@Ri	间接 RAM 与 A 求和	1	1
16	ADD A，#data	立即数与 A 求和	2	1
17	ADDC A，Rn	Rn 与 A 求和(带进位)	1	1
18	ADDC A，direct	直接地址与 A 求和(带进位)	2	1
19	ADDC A，@Ri	间接 RAM 与 A 求和(带进位)	1	1
20	ADDC A，#data	立即数与 A 求和(带进位)	2	1
21	SUBB A，Rn	A 减去 Rn(带借位)	1	1
22	SUBB A，direct	A 减去直接地址(带借位)	2	1

续 表

序　号	指令格式	指令功能	字　节	周　期
23	SUBB A，@Ri	A 减去间接 RAM(带借位)	1	1
24	SUBB A，#data	A 减去立即数(带借位)	2	1
算术运算类指令				
序　号	指令格式	指令功能	字　节	周　期
1	ANL A，Rn	Rn“与”到 A	1	1
2	ANL A，direct	直接地址“与”到 A	2	1
3	ANL A，@Ri	间接 RAM“与”到 A	1	1
4	ANL A，#data	立即数“与”到 A	2	1
5	ANL direct，A	A“与”到直接地址	2	1
6	ANL direct，#data	立即数“与”到直接地址	3	2
7	ORL A，Rn	Rn“或”到 A	1	2
8	ORL A，direct	直接地址“或”到 A	2	1
9	ORL A，@Ri	间接 RAM“或”到 A	1	1
10	ORL A，#data	立即数“或”到 A	2	1
11	ORL direct，A	A“或”到直接地址	2	1
12	ORL direct，#data	立即数“或”到直接地址	3	2
13	XRL A，Rn	Rn“异或”到 A	1	2
14	XRL A，direct	直接地址“异或”到 A	2	1
15	XRL A，@Ri	间接 RAM“异或”到 A	1	1
16	XRL A，#data	立即数“异或”到 A	2	1
17	XRL direct，A	A“异或”到直接地址	2	1
18	XRL direct，#data	立即数“异或”到直接地址	3	2
19	CLR A	A 清零	1	2
20	CPL A	A 求反	1	1
21	RL A	A 循环左移	1	1
22	RLC A	带进位 A 循环左移	1	1
23	RR A	A 循环右移	1	1
24	RRC A	带进位 A 循环右移	1	1
25	SWAP A	A 高、低 4 位交换	1	1

续 表

控制转移类指令				
序　号	指令格式	指令功能	字　节	周　期
1	JMP @ A + DPTR	相对 DPTR 的无条件间接转移	1	2
2	JZ rel	A 为 0 则转移	2	2
3	JNZ rel	A 为 1 则转移	2	2
4	CJNE A，direct，rel	比较直接地址和 A，不相等转移	3	2
5	CJNE A，#data，rel	比较立即数和 A，不相等转移	3	2
6	CJNE Rn，#data，rel	比较 Rn 和立即数，不相等转移	3	2
7	CJNE @ Ri，#data，rel	比较立即数和间接 RAM，不相等转移	3	2
8	DJNZ Rn，rel	Rn 减 1，不为 0 则转移	2	2
9	DJNZ direct，rel	直接地址减 1，不为 0 则转移	3	2
10	NOP	空操作，用于短暂延时	1	1
11	ACALL add11	绝对调用子程序	2	2
12	LCALL add16	长调用子程序	3	2
13	RET	从子程序返回	1	2
14	RET1	从中断服务子程序返回	1	2
15	AJMP add11	无条件绝对转移	2	2
16	LJMP add16	无条件长转移	3	2
17	SJMP rel	无条件相对转移	2	2
位操作指令				
序　号	指令格式	指令功能	字　节	周　期
1	CLR C	清进位位	1	1
2	CLR bit	清直接寻址位	2	1
3	SETB C	置位进位位	1	1
4	SETB bit	置位直接寻址位	2	1
5	CPL C	取反进位位	1	1
6	CPL bit	取反直接寻址位	2	1
7	ANL C，bit	直接寻址位“与”到进位位	2	2
8	ANL C，/bit	直接寻址位的反码“与”到进位位	2	2
9	ORL C，bit	直接寻址位“或”到进位位	2	2
10	ORL C，/bit	直接寻址位的反码“或”到进位位	2	2
11	MOV C，bit	直接寻址位传送到进位位	2	1

续　表

位操作指令				
序　号	指令格式	指令功能	字　节	周　期
12	MOV bit，C	进位位位传送到直接寻址	2	2
13	JC rel	如果进位位为 1 则转移	2	2
14	JNC rel	如果进位位为 0 则转移	2	2
15	JB bit，rel	如果直接寻址位为 1 则转移	3	2
16	JNB bit，rel	如果直接寻址位为 0 则转移	3	2
17	JBC bit，rel	直接寻址位为 1 则转移并清除该位	3	2

伪指令		指令中的符号标识	
ORG	指明程序的开始位置	Rn	工作寄存器 R0 ~ R7
DB	定义数据表	Ri	工作寄存器 R0 和 R1
DW	定义 16 位的地址表	@ Ri	间接寻址的 8 位 RAM 单元地址(00H – FFH)
EQU	给一个表达式或一个字符串起名	#data8	8 位常数
DATA	给一个 8 位的内部 RAM 起名	addr16	16 位目标地址，范围 64 kB
XDATA	给一个 8 位的外部 RAM 起名	addr11	11 位目标地址，范围 2 kB
BIT	给一个可位寻址的位单元起名	rel	8 位偏移量，–128 ~ +127
END	指出源程序到此为止	bit	片内 RAM 中的可寻址位和 SFR 的可寻址位
$	指本条指令的起始位置	direct	直接地址，片内 RAM 单元(00H ~ 7FH)和 80H ~ FFH

附录二 Keil 软件的使用

（1）打开 Keil μVision4 仿真软件，点击“Project”下的“New μVision project”，在弹出的对话框中选择项目需要保存到的位置并修改项目名称，如图 2－1 所示。

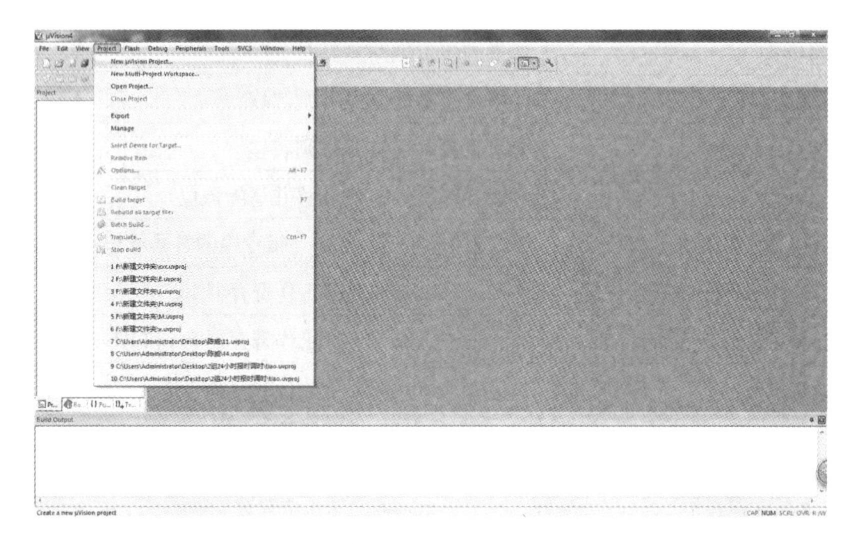

图 2－1 创建项目

（2）在弹出的 CPU 选择对话框中选择 ATMEL 下的 AT89C51，如图 2－2 所示。

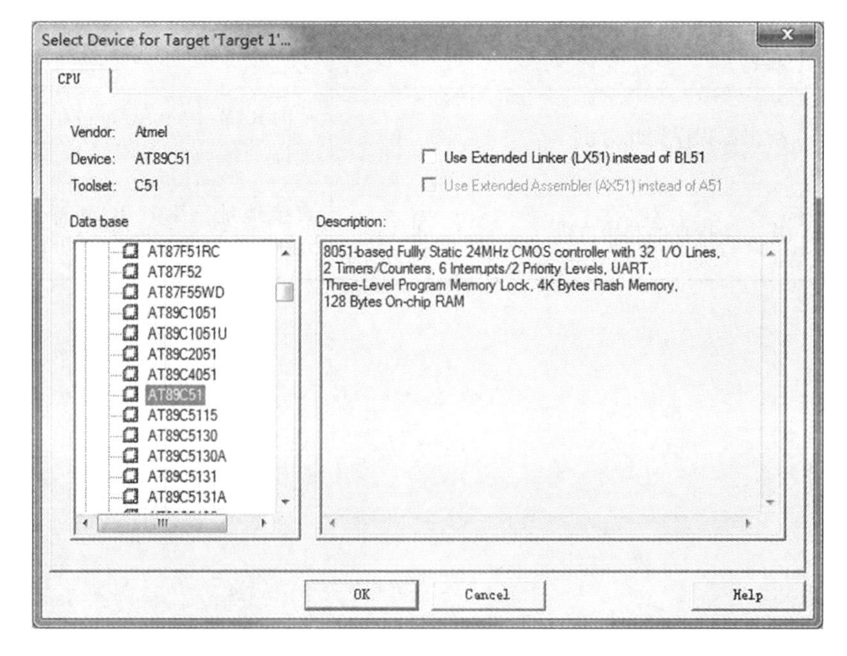

图 2－2 选择 CPU 类型

(3)删除项目自带的 STSRTUP. A51 文件，如图 2－3 所示。

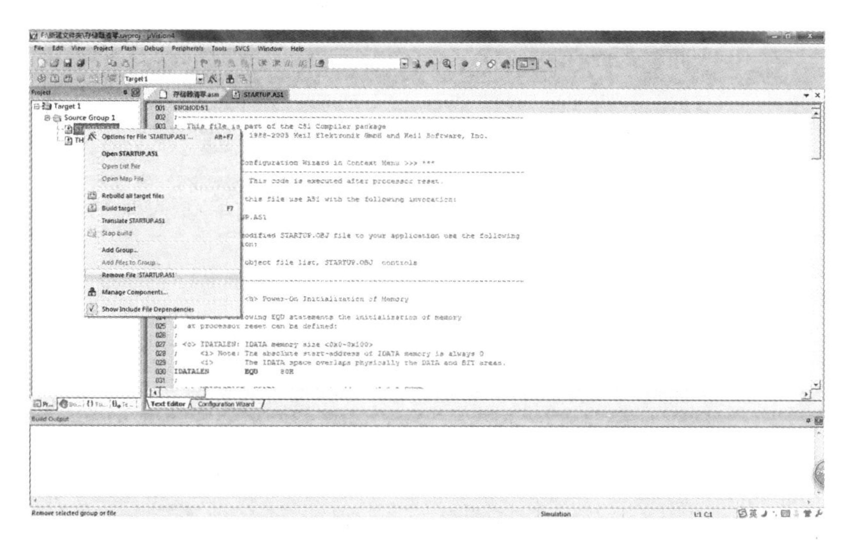

图 2－3　**删除项目自带的 STSRTUP. A51 文件**

(4)单击工具栏中的新建文件按钮，在编辑区编写源程序，编写完成后点击保存，选择合适的保存目录，将源程序保存为“. asm”形式的文件。如图 2－4、图 2－5 所示。

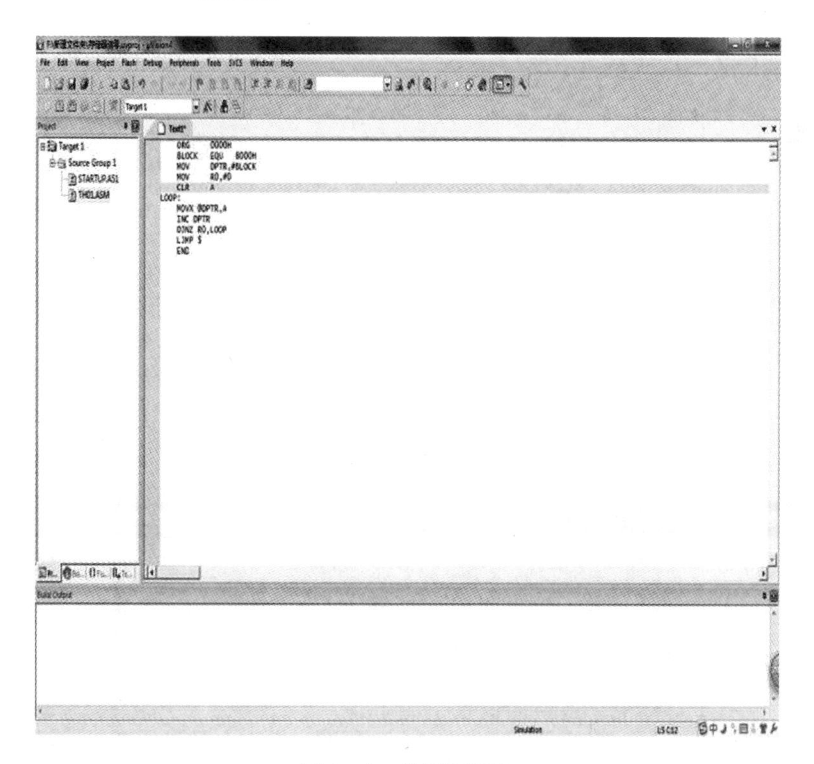

图 2－4　**编写源程序**

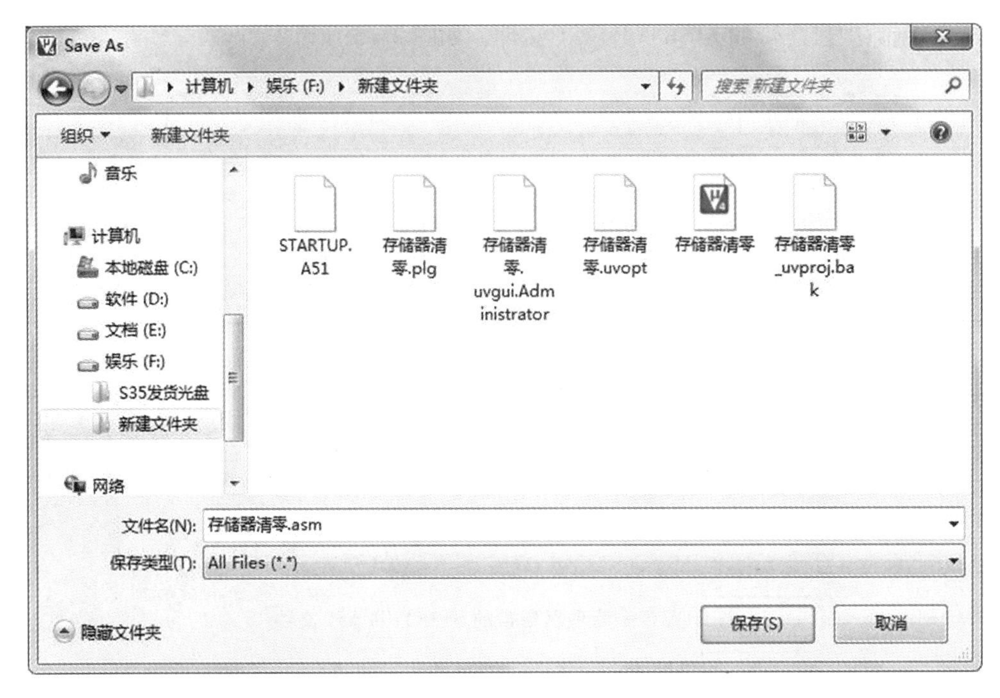

图2-5　保存源文件

(5)在工程窗口的“Source Group1”文件夹上单击鼠标右键，在弹出的快捷菜单中选择“Add Filesto……. ”选项，在打开的对话框中选择汇编源文件，并单击“Add”按钮，将其加入。如图2-6、图2-7所示。

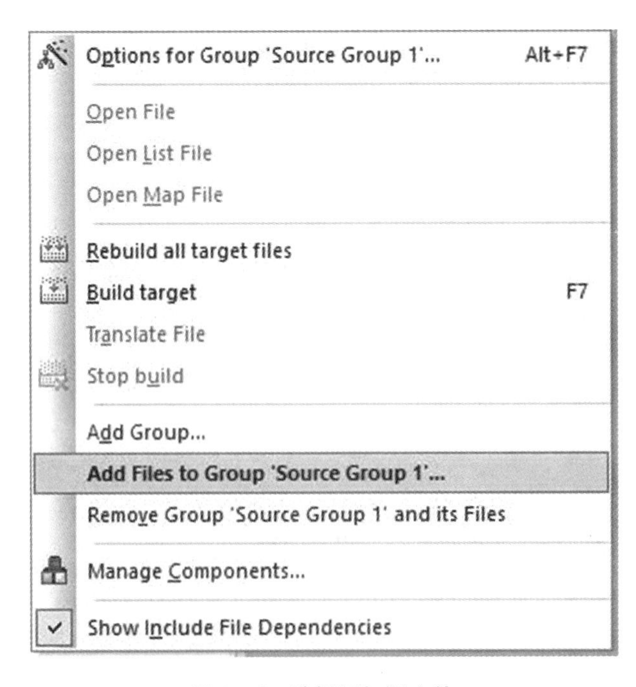

图2-6　选择添加源文件

图 2-7　选择源文件并添加

(6)依次点击这三个按钮，对源程序进行编译，编译无误后选择“Project”下的“Options For Target”，在弹出的对话框中选择“Debug”，选中“Use”前的圆圈，在下拉菜单中选择“Keil Monitor-51 Driver”. 打开“Settings”对话框，在“Port”后选择仿真器的 Com 口，每台电脑的 Come 口不同，找到电脑的设备管理器，打开端口下拉框，插上仿真器，新增加的一个 Come 口号，就是仿真器的 Come 口号；在 Baudrate 对话框中选择波特率为 115200。如图 2-8 ~ 图 2-12 所示。

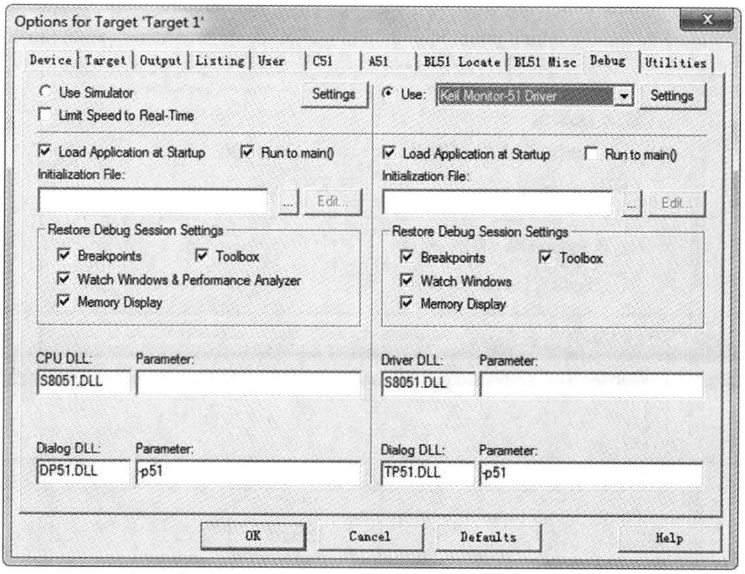

图 2-8　修改 Debug

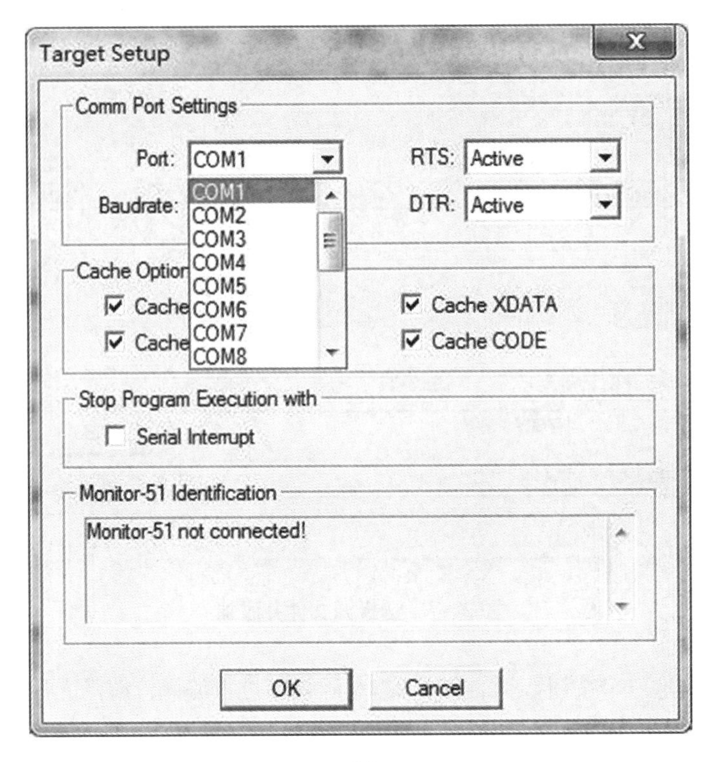

图 2－9　选择 Come 口

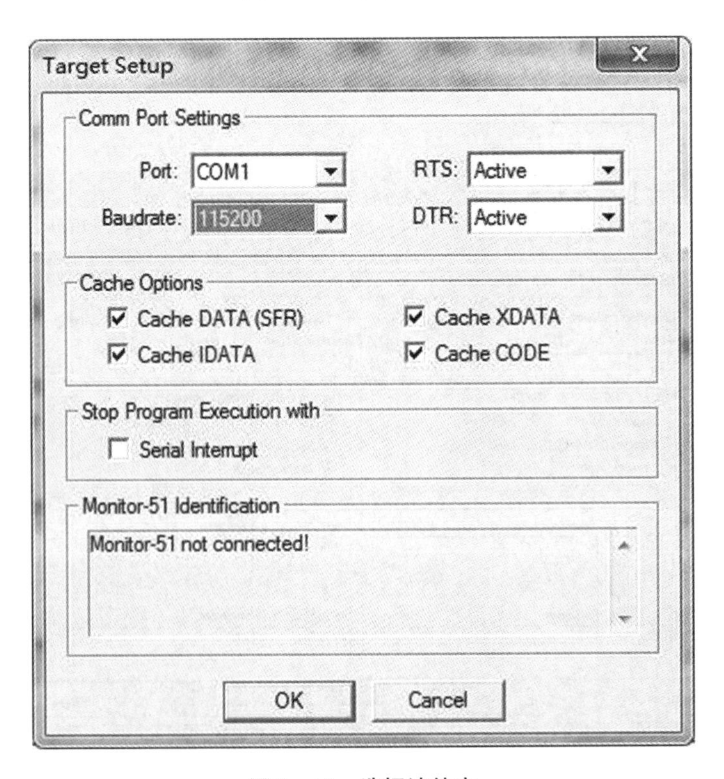

图 2－10　选择波特率

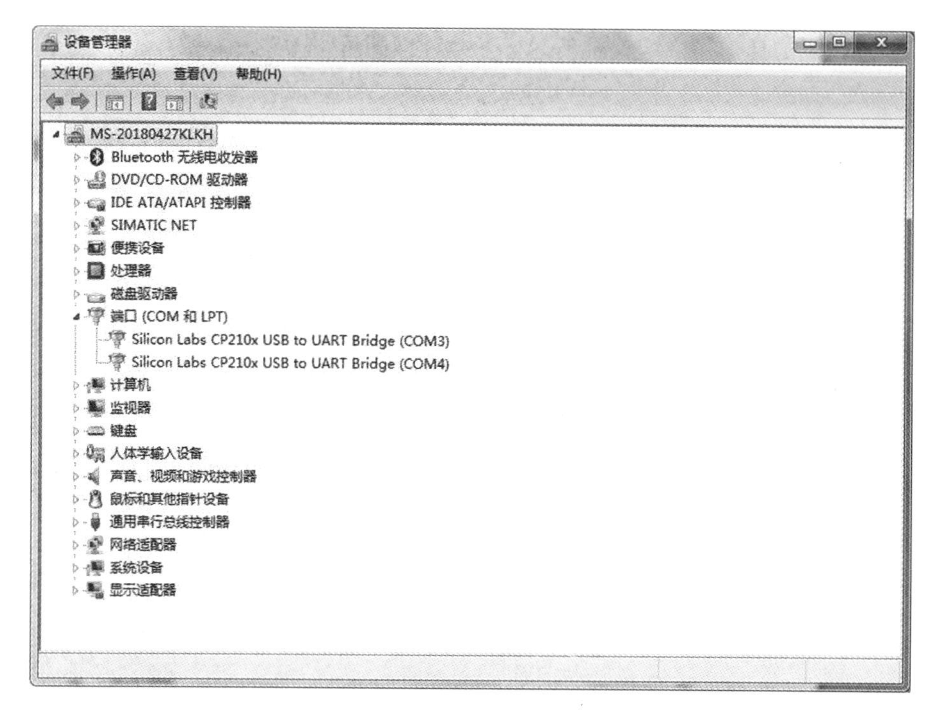

图 2－11 打开计算机端口

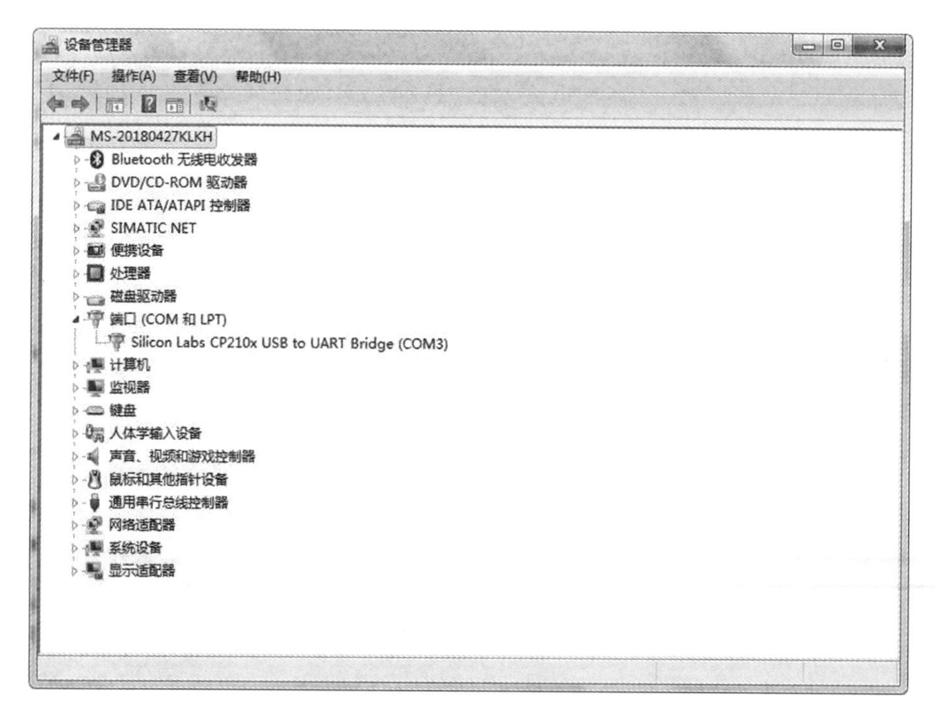

图 2－12 查看仿真器端口号

(7)点击按钮运行源程序，点击按钮下载源程序。若出现图 2－13 所示错误，按一下仿真器复位键，重新运行下载程序即可。

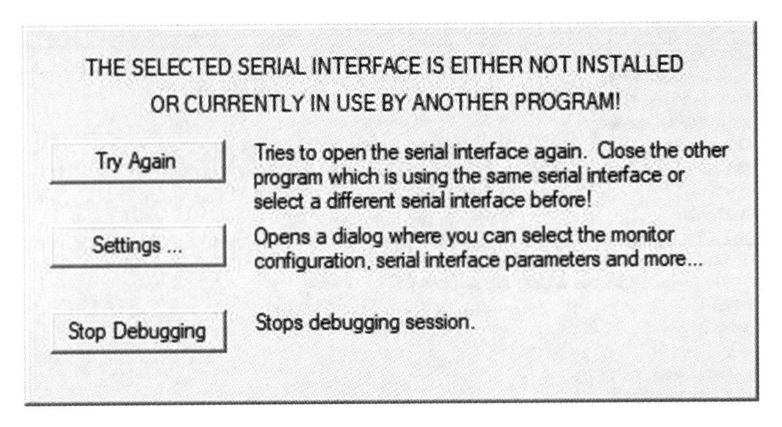

图 2－13　错误提示

参考文献

[1]朱芙箐，田影．单片机原理及应用技术[M]．北京：航空工业出版社，2010.

[2]李朝青，刘艳玲．单片机原理及接口技术[M]．第4版．北京：北京航空航天大学出版社，2013.

[3]李晓林，牛昱光，阎高伟．单片机原理与接口技术[M]．第2版．北京：电子工业出版社，2011.

[4]刁金霞，邹志慧．单片机应用技术[M]．北京：机械工业出版社，2012.

[5]王法能．单片机原理及应用[M]．北京：科学出版社，2004.

[6]倪继烈，曾一江．单片机原理及应用教程[M]．成都：电子科技大学出版社，2004.

[7]李全利．单片机原理及接口技术[M]．第2版．北京：高等教育出版社，2009.

[8]李朝青．单片机原理及接口技术[M]．北京：北京航空航天大学出版社，2005.

[9]王建校．51系列单片机及C51程序设计[M]．北京：科学出版社，2002年．

[10]倪继烈，刘新民．微机原理与接口技术[M]．第2版．成都：电子科技大学出版社，2003.

[11]胡辉．单片机原理与应用设计[M]．北京：中国水利水电出版社，2005.

[12]江志红．51单片机技术与应用系统开发案例精选[M]．北京：清华大学出版社，2008.

[13]吴险峰．51单片机项目教程[M]．北京：人民邮电出版社，2016.

[14]周航慈．单片机应用程序设计技术[M]．第3版．北京：北京航空航天大学出版社，2011.